JN440469

과학기술과 철학의 만남

연경 문화사

홍병선

중앙대학교 교양학부대학 교수로 재직 중이다.
본교 대학원에서 「인식적 정당화의 내재론 · 외재론 논쟁에 관한 연구」로 철학박사 학위를 받았다.
주요 저서로는 『현대인식론의 쟁점들』(한국학술정보, 2007), 『이성과 비판의 철학』(공저, 철학과현실사, 2006), 『서양근대철학의 열 가지 쟁점』(공저, 창작과비평, 2004), 『과학기술과 인류의 미래』(한국학술정보, 2008), 『그리스신화의 철학적 사유』(연경문화사, 2010) 등이 있으며, 주요 논문으로는 「과학기술문명의 본질과 환경문제」, 「상상력의 철학적 근거」, 「과학에서의 권위와 반-과학으로서의 권위」, 「교양교육의 방법론적 출구로서의 사이버강좌」 등이 있다.

최현철

호서대학교 교양학부 겸 교수학습센터 겸임교수로 재직 중이다.
중앙대 대학원에서 「과학적 설명의 인과성 문제 연구」로 철학박사 학위를 받았다.
주요 역서로는 『과학철학의 형성』(지만지, 2009) 등이 있으며,
주요 논문으로는 「자연법칙과 인과 실재론적 해석」, 「과학주의와 인문학의 의사소통가능성에 대한 고찰」 등이 있다.

| 초판 3쇄 발행 / 2014년 9월 12일 |
| 저 자 / 홍병선 · 최현철 | 펴낸이 / 이정수 | 펴낸곳 / 연경문화사 |
| 등록 / 1-995호 | 주소 / 서울시 강서구 양천로 551-24 한화비즈메트로 2차 807호
| 대표전화 / 02-332-3923 | 팩시밀리 / 02-332-3928 | 이메일 / ykmedia@naver.com |
| 값 15,000원 | ISBN 978-89-8298-118-0 93100 |

글머리에

현대문명을 '과학기술문명' 이라고 칭할 수 있을 만큼 과학기술의 위력은 우리의 삶 구석구석을 지배하고 있다. 이것은 과학기술이 우리의 물질적인 영역뿐 아니라 정신적인 측면까지도 지배한다는 것을 의미한다. 지금의 과학기술은 진리 인식의 기준의 역할을 수행할 정도로 막강한 위력을 발휘하고 있다. 이 점에서 가히 신화화된 과학기술이라고 칭할 수 있으리만큼 우리는 과학기술에 맹신해 왔고 지금도 여전히 그런 것 같다.

과학기술에 맹신하게 된 주된 이유는 그것이 아마도 우리의 삶의 질을 근본적으로 바꾸어 놓았기 때문일 것이고, 모든 삶의 질적인 변화는 오직 과학기술만이 가져다 줄 수 있다는 인류의 공통된 신념에서 비롯되었기 때문이다. 하지만 "현재의 과학기술이 인류에게 과연 해택만을 제공해 왔는가?" 하는 의구심은 쉽게 떨쳐버릴 수가 없다. 이러한 의구심은 오히려 과학기술이 우리에게 우리의 생존 기반을 상실하게 할지도 모른다는 두려움을 동시에 안겨 주었다는 사실에 근거한다. 이를테면 지구 온난화를 중심으로 한 환경 문제와 에너지 고갈 등의 문제 등이 그러한 사례가 될 것이다. 곧 과학과 그 기술적 적용은 우리 인류에게 축복을 안겨 준 동시에 생존 기반의 상실이라는 재앙을 동시에 안겨준 셈이다.

그렇다면 왜 이러한 딜레마적 상황에 놓이게 된 것일까? 물론 여러 가지 이유가 있을 수 있겠지만, 근본적으로 자연에 대한 인간의 태도에서 비롯된 것임은 분명하다. '기계적 결정론', '탈목적론', '실용주의', '가치중립주의' 라는 인간중심주의적 사고로 인해 자연에 대한 인간의 지배를 정당화하고, 나아가 생명 및 환경 파괴를 허용하는 결과를 초래하게 된 것이다. 물론 인간이성의 반성적 능력은 인간 존립 기반의 상실이라는 극단으로 치닫지 못하도록 방어기제의 역할을 수행해 왔다. 이러한 점에서 과학기술은 우리에게 해결해야 할 과제를 여전히 남겨 두고 있는 셈이다.

진보와 파괴라는 딜레마적 상황에서 벗어날 수 있는 유일한 해결책은 결자해지(結者解之)의 차원에서 자연과 환경에 대한 접근이 이루어져야 한다. 물론 그 해결의 실마리를 찾는 것이 그리 쉬운 문제는 아니겠지만 서로 고민하고 그 해결의 가능성을 함께 타진한다는 것은 무엇보다 값진 일이라고 생각한다.

필자들의 집필 의도 역시 여기에서 비롯되었다. 물론 지금까지 국내에서 그러한 목적으로 저술되었거나 번역된 교양 도서가 적지 않음에도 불구하고, 새로운 과학기술 관련 저서를 집필키로 마음먹은 것은 현대 과학기술 문명에 대한 우리의 반성 그리고 인류의 미래에 대한 전망에 관해 함께 고민하는 장을 제공하는 것과 무관하지 않다.

필자가 과학기술에 대한 철학적 접근으로서의 '과학기술 문명' 에 대해 관심을 갖기 시작한 것은 1995년 '인간과 자연' 이라는 강의를 맡기 시작하면서 부터이다. 그러니 벌써 꼭 14년째 '과학기술' 이라는 주제로 강의를 하고 있는 셈이다. 교수에게 있어 강의란 학생들에게 배움을 주는 것이기도 하겠지만, 자신이 소유하고 있는 지식을 반성적 차원에서 다시 생각하고 또 그 깊이를 깨닫는 과정이기도 하다. 바로 이러한 스스로에 대한 반성이 이 책을 쓰게 된 일차적인 동기를 이룬다.

게다가 '과학기술 문화'에 대한 관심은 과학기술 자체에 대한 이해의 차원에 머물도록 하지 않았다. 오히려 인간과 자연의 관계에 대한 탐구와 함께 '인류의 미래'에 대한 근원적인 성찰의 계기를 만들어 주었다. 따라서 과학기술에 대한 이러한 관심을 토대로 인간 생존의 필수불가결한 조건으로서의 기술 혹은 기술력의 문제로부터 비롯되는 서구 과학기술의 반성적 이해와 함께 특히 전공자에게는 과학기술 문명의 다양한 관점을 제공하고자 이 책을 집필하게 되었다. 대학에서 과학기술 관련 과목을 강의해 오는 동안 과학기술에 대한 보다 쉬운 접근과 인문학적이고 철학적 관점에 따른 반성의 필요성 또한 집필의 중요한 동기를 이룬다.

본서에 삽입된 사진과 그림들은 인터넷에서 제공하는 정보에서 도움을 받았으며, 본서 내용의 "1부 과학기술의 역사와 그 의미"는 과학철학을 전공한 최현철 교수가 과학기술의 역사를 과학기술의 개요에서 시작하여 에너지, 공간이동, 생명연장, 과학철학을 중심으로 바쁜 와중에도 성의껏 집필하여 주었다. 이러한 세부 주제들은 자연에 대한 인간의 과학기술적 도전을 중심으로 서술되었으며 그것이 지니는 과학기술사적인 의미를 독자의 입장에서 많은 에피소드와 함께 이야기 형식으로 쉽게 접근시키고자 노력하였다.

"2부 과학기술문명과 환경문제"는 과학에서의 권위의 문제와 과학적 방법론에 따른 환경문제, 환경문제에 대한 대안적 모색으로의 생태지향적 사상 등 다각적인 시각에서 학술적 분석을 제공하는데 비중을 두었다. 따라서 본서를 접하는 독자들이 미래의 과학기술의 문제와 환경에 대한 새로운 시각을 제공하는데 초점을 맞추었다. 지금도 우리 인류는 과학기술과 함께 현대를 살아가고 있으면서 여전히 인류의 미래에 대한 가능성과 전망을 과학기술에서 찾고자 하며 그것에 온갖 노력을 기울이고 있다. 이러한 노력에 부디 본서가 많은 가능성과 방향성을 정립하는데 도움이 되었으면 하는 것이 필자들의 바람이다.

누구라도 그렇듯이 자신의 글을 인쇄된 형태로 세상에 내놓는 것이 그리 쉬운 일은 아니다. 독자들의 비판이 두려워서라기보다는 자신의 마음에 들지 않는 상황이 언제든지 발생할 수 있기 때문이며, 최선을 다해서 한 일이 결국 최선을 다하지 못한 결과라는 모순된 상황이 늘 발생하기 때문이다. 그래서 주변의 비판과 질책만이 이러한 모순된 상황에서 벗어날 수 있게 해준다.

본서의 미흡한 부분에 대해서는 강호제현(江湖諸賢)의 질책과 좋은 의견을 겸허히 수용하여 고쳐나갈 것을 약속드리며 끝으로 일에 쫓기어 가정에 전혀 신경을 쓰지 못함에도 불구하고 늘 한결같은 사랑과 믿음으로 나를 격려해 준 아내에게 고마움을 전한다.

저자를 대표하여

홍 병 선

목차

과학기술의 역사와 의미

제1장 과학기술의 기원과 의미

1. 인간과 과학기술의 개요

인간이란 무엇인가? 라는 질문은 동서고금을 막론하고 모든 사람에게 언제나 새롭게 제기되어 온 인간의 숙명적인 질문 가운데 하나일 것이다. 하지만 이러한 물음에 대해 분명한 답변을 찾는다는 것은 매우 어렵다. 왜냐하면, 인간 자체가 간단히 설명하기 어려운 복잡하고 수수께끼 같은 존재이기 때문이다. 인간은 동물이면서 다른 동물과는 다른 특성을 지니고 있다. 그래서 인간은 스스로를 동물이라 부르기를 주저하며 동물과는 다른 특권적인 위상을 지닌 존재라고 말하는 것이다.

이러한 인간이 동물과 구별되는 본질적인 특징 가운데 하나를 바로 과학기술에서 찾을 수 있을 것이다. 이는 인간에게만 해당하는 것으로 인간이 자연에게 다가가는 혹은 자연을 이해하고 적응하는 유일한 수단인 셈이다.

'과학기술' 이라는 용어는 '과학' 과 '기술' 이라는 상호이질적인 개념의 만남에서 이루어진다. 이러한 이질적인 양자를 매개한 것이 역사적으로 보면 바로 물질적 풍요와 자본의 힘일 것이다. 여하튼 과학과 기술은 서로 밀접히 연관되어 동일한 활동을 한다는 의미에서 '과학기술' 이라는 말은 현대를 사는 우리가 늘 사용하고 있는 매력적인 용어임에 분명하다. 그래서 과학기술은 새로운 생산 수단을 개발하고 그 생산 수단을 다루는 방법을 익히며 자신의 기능을 높이는 행동의 총체를 의미한다.

현대 과학기술의 출발점을 역사적으로 살펴보면, 17세기 서양의 근대과학의 출현과 맞물려 있다. 근대 이전의 과학기술은 경험에 의해서 피라미드와 같은 거대 건축물을 만드는 기능적인 활동과 자연현상과 우주현상을 설명하는 지적수준에 머물러 있었지만, 근대과학은 이것을 보다 응용하며 우리 인간에게 혁신적인 삶을 안겨 주었다. 이러한 변화는 인간의 행복에 대한 이해와 연관되어 있는데, 근대가 중세의 스토아적인 행복이나 중세의 신앙적 행

| 막스 베버(M. Weber, 1864~1920)

복을 넘어서 물질적인 행복에 기인하였음을 알 수 있다. 이러한 특징을 베버(Max Weber)[1]의 『자본주의와 프로테스탄티즘』에서도 확인할 수 있다.

그는 "자본주의가 프로테스탄트적인 세계관 속에서 추구되었다는 사실은 서양 사회에서는 보다 명백해 보인다. 이처럼 자본주의가 제시하는 논리는 경제와 화폐가 결국 세상의 질서를 확립하고, 나아가 사회의 이상적 모델조차 정의할 수 있다는 것이다. 정치가 국가에 속한 국민의 행복을 창출하는 데에 그 목적을 둔다면, 자본주의의 정치가 보장하는 행복은 오로지 경제라는 우월적인 매개를 통해서만 가능해진다."고 말하고 있다.

따라서 현대사회에서 과학과 그 기술적 적용에 의한 불균형은 그 어떤 불균형보다 인간에게 더 큰 불행을 초래하는 특징을 지닌다. 세계화와 함께 과학기술의 정보에 대한 국가 간 교류는 개방되고 있지만, 가장 중요한 핵심 기술의 개방에 있어서는 여전히 폐쇄적이다. 현대에 있어 과학적인 연구결과나 개발된 기술 그 자체의 중요성은 두 말할 필요가 없으며, 어떤 측면에서는 여타의 것 보다 더 강한 힘을 지니고 있다.

진정한 인간실존을 위해서는 과학과 생명, 과학과 윤리에 대한 보다 깊은 연구가 이루어져야 하고, 나아가 과학기술과 인류평화와 행복과의 관계에 대한 주의 깊은 연구와 논의가 더욱 필요하다. 사실 기존의 과학기술이 지니는 이미지는 그것에 대한 어떠한 가치적 평가에 있어 중립적이다. 하지만 과학기술의 불균형이 이루어지고 있는 지금, 그것의 응용적 측면을 고려하면 더 이상 가치중립적이라고만 하기 어렵다.

이와 관련하여 과학기술에 대한 가치적 판단은 그 성격상 본질적인 논쟁의 대상이 되고 있는 것은 이 때문이다. 또한 과학기술과 이와 관련된 선진국들의 첨단 핵심기술의 폐쇄문제는 현재 국제사회뿐 아니라 한 국가와 사회 내에서 많은 문제를 낳고 있다.

세계추세 속에 나타난 과학기술 분야에서는 인간학적인 요소를 포용하기 위한 노력이 이루어지고 있고, 과학기술의 발전은 대중문화를 바꾸어가고 있다. 선진국들의 첨단 핵심기술의 폐쇄는 선진국과 개발도상국간의 격차를 더욱 크게 만들고 있다. 이렇듯 과학기술은 현대를 이해하는 새로운 지표로써 우리가 인문학적인 주제들과 연관하여 연구해야 될 주제임은 분명하다.

현대과학기술은 원자를 융합시켜 전기를 생산하거나 무기를 만들고 우주를 탐사하는 것에서 나아가 인간을 포함한 생명체의 재생산을 조작하는 데에까지 이르고 있다. 현대과학의 성과와 그 기술적 적용을 통해 인간 수명은 획기적으로 연장되었으며, 편리하고 흥미로운 생활이 가능해지기도 했다.

현대인들은 개인적 또는 집단적 결단에 의해 이러한 과학기술의 생산물들의 사용에 있어 이를 최소화할 수는 있어도, 그것에 의해 형성된 환경 자체를 떠나서 생존하기는 어렵다. 도로와 자동차 그리고 비행기, 전화와 컴퓨터, 현대적 의료 서비스는 삶의 일부가 되어버렸고, 거의 모든 사람들은 현대의 건축공학기술로 지은 집에서 살고 있다.

사실 하나님으로부터 내려진 인간의 기원과 본성에 대한 이해는 과학기술의 본질에 대한 이해에 실질적으로 기여하게 될 것이다. 지금까지 우리 인간에게 주어진 인간의 기원에 관한 이야기로는 창조론과 진화론, 이 두 가지로 요약해 볼 수 있다. 우선 성서에서 말하는 창조이야기에 유심해 볼 것들 중에 하나는 최초의 인간에게 하나님으로부터 내려진 벌이다.

남자인 아담에게는 노동의 벌을, 여자인 하와에게는 출산의 벌을 받았으며 이들 모두에게는 하나님의 계율에 의해 죽음이라는 것을 맞이하는 벌을 받게 되었다. 아담과 하와의 실낙원은 아이러니하게도 기존의 자연과의 관계가 바뀌고 자연에 대한 인간의 새로운 길을 마련하게 되는 계기가 되었다. 과거 자연으로부터 모든 것을 해결하였던 사실은 변하지 않았지만 자연으로부터 그 무언가를 얻어내는 방법은 기존과는 많이 다르게 되었다.

창조이야기에 나오는 아담이 땅을 파서 어떠한 수확을 얻어내는 것을 경작이라 하는데, 여기서 경작이란 영어로 culture, 즉 문화의 어원이 된다. 따라서 문화란 인간이 자연과의 조화된 삶에서 부조화됨 삶을 이룸으로 인하여 자연에 대한 인간의 생활양식이라 할 수 있겠다.

인간의 기원에 대한 다른 측면은 진화론적인 관점에 따른 것으로 인류의 진화는 과학기술의 진보와 그 맥락을 같이 한다. 인류의 역사는 도구의 발전에 영향을 받는다. 인류 진화의 역사에 있어 지금까지 우리에게 알려진 가장 오래된 화석 인류는 오스트랄로피테쿠스(Australopithecus)이다. 여기서 오스트랄(austral)은 남쪽이라는 의미이고, 피테쿠스(pithecus)는 유인원이라는 의미이다. 이 화석인류는 4백 4십만 년 전부터 지구상에 존재했던 것으로 보인다.

그 중에서도 특히 오스트랄로피테쿠스 아파렌시스(afarensis)라는 화석인류는 두발걷기 즉 직립보행이 확인된 가장 오래된 인간 종으로서 약 320만 년 전에 살았다고 하는데, 이를 통상 최초의 인간으로 인정하고 있다. 또한 두 번째 나타난 인류는 호모 하빌리스(Homo habilis)이다.

호모 하빌리스를 번역하면 '손 쓴 사람' 이며, 이들은 도구를 제작하고 사용한 흔적을 보인다. 호모 하빌리스는 175만 년 전에 살았던 것으로 추정되며 그들이 사용한 도구와 더불어 발견된 가장 오래된 화석인류이다. 그 다음에 등장한 인류인 호모 에렉투스(Homo erectus)는 걸어 다니는 인간을 뜻하는 '직립인간' 을 의미한다. 말하자면 직립보행을 그 특징으로 하는 인류인 것이다.

이들은 발견된 지역에 따라서 자바원인, 하이델베르크원인, 베이징원인 등으로 구분되는데 대개 50만 년을 전후하여 생존한 것으로 추정된다. 그들은 불을 사용하였을 뿐만 아니라 언어를 사용한 것으로 알려져 있다.

그 이후에 등장 한 호모 사피엔스(Homo sapience)를 우리말로 번역하면 '슬기로운 사람' 이라 할 수 있는데 이들은 대략 20만 년 전에 출현하였다. 호모 사피엔스는 시체를 땅에 매장하였으며 그들만의 내세관을 가졌던 것으로 짐작된다. 마지막으로 등장한 인류의 조상은 현생인류로 우리가 속해 있는 인류인 호모 사피엔스 사피엔스(Homo sapience sapience)이다.

이 현생 인류의 조상은 약 4만 년 전 후기 구석기시대로부터 비롯된다. 이들은 유럽, 아프리카, 아시아 등 여러 지역에서 살았고 두뇌의 용량도 우리와 비슷한 1500~1600cc에 이른다. 정교한 목기, 골각기를 사용했고 반지하식 가옥에 살면서 짐승가죽으로 의복을 만들어 입었고, 동굴벽화와 조각을 남기기도 했다. 우리가 부르는 크로마뇽인이나 스프링복인, 와자크인들이 여기에 속한다.

여기서 우리가 알 수 있듯이 자연을 다스리는 도구의 진화는 인류의 발전과 밀접한 연관

| 왼쪽부터 오스트랄로 피테쿠스, 호모 에렉투스, 호모 사피엔스, 호모 사피엔스 사피엔스

성을 지닌다. 더욱이 그들이 사용하는 도구의 발전은 곧 기술의 발전을 의미하며 이러한 기술과 자연에 대한 이해가 우리 인간을 '손을 사용하는 사람'에서 '슬기로운 사람'으로 발전하게 된 근거가 된다. 이와 같이 기술은 인간의 기원과 그 시기를 달리하지 않는다.

인간은 호모 사피엔스, 즉 '슬기로운 존재'인 동시에 '만드는 존재(Homo factor)'이다. 자연계의 기본 원리를 이해하여야만 생존할 수 있었던 인간의 생존에 대한 긴박감과 지적 호기심은 결국 과학을 탄생시키게 된다. 그리고 자연의 한계를 극복하고 삶의 조건을 더욱 향상시키려는 인간의 노력은 기술을 낳게 되고, 더 많은 수확과 자연을 다스리기 위해 혹은 인간의 노동을 더욱 편리하게 하기 위해 자연의 제한을 극복하고 자연을 정복하려는 실질적 필요성이 과학기술을 발달시키게 된다.

하지만 과학과 기술이 때로는 명확히 구분되지 않고 상호 결합하여 인간의 생존을 위한 인간의 능력을 극대화하는데 기여하게 된다. 그렇다면 이러한 과학기술의 기원이 어떠한 의미를 담고 있는 것일까? 이에 대하여 보다 본질적으로 접근해 보도록 하자.

2. 과학기술의 본질적 이해

앞의 논의에 비추어 최초의 현생인류들은 왜 도구를 이용하고 자연의 원리를 이해하려고 노력하였을까? 물론 더 많은 것을 생산하기 위해서일 것이다. 손으로 땅을 파는 것보다는 돌이나 나무 조각을 이용하는 것이 더 편리하고 더 많은 시간에 획득할 수 있게 해 주었다. 그리고 경작 과정에서 많은 시행착오는 우리 인류에게 자연을 체계적으로 이해하는 길을 마련해 주었다. 동양의 절기나 서양의 태양력이 그러한 것들의 대표적인 사례라고 할 수 있다. 따라서 인간은 보다 지혜롭게 땅을 경작하고 동물을 다스리며 불을 다루는 기술을 터득하게 된 것이다.

왜 인간은 자연을 이해하고 도구를 다루는 기술을 발전시키고자 했을까? 그것은 인간의 생존과 직접적인 연관성을 갖는다. 자연과의 부조화에 던져진 우리 인간들은 어떤 식으로든 자연을 개척하지 않으면 생존할 수가 없었다. 그리고 자연을 이해하고 그것을 이용하여 무엇인가를 만들거나 그것을 다루는 방법을 터득하지 않으면 수많은 위협들로부터 자신을 보호할 수조차 없었을 것이기 때문이다.

고대 원시인들의 삶을 그린 영화 〈불을 찾아서(Quest For Fire)〉에서 인간은 불을 소유함으로 인해 많은 다른 동물들로부터 자신을 보호하는 것은 물론 생존 가능성을 높이게 된다. 이로 인해 새로운 문화, 즉 자연과의 조화를 하는 인간의 생활양식을 창조하게 된 것이다. 물론 당시의 문화란 협소한 의미의 과학과 기술을 의미한다.

손을 사용한 호모 하빌리스와 불을 사용한 호모 에렉투스는 구석기 시대에는 아베빌리안 및 이슐리안 문화를 형성한다. 여기서 아베빌리안 문화란 조잡한 양면절단기와 불, 언어를 사용한 문화를 말하며 쉘리안 문화라고도 한다. 반면 아슐리안 문화란 주먹도끼나 석핵으로 만든 도구를 사용하는 생활양식을 말하는 것이다. 이들은 이러한 도구를 이용하여 식량과 생존을 영위할 수 있었다. 인간에게 불과 언어에 대한 과학기술이 없었다면 따뜻한 지방을 벗어나 살 수 없었을

| 〈불을 찾아서(Quest For Fire)〉의 포스터

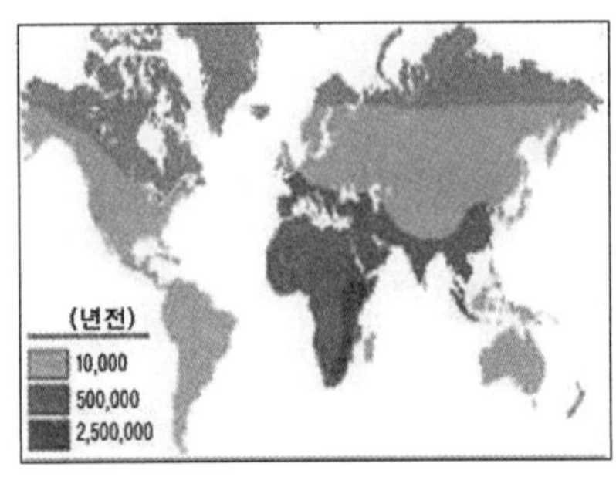

| 불의 사용과 인간의 생활영역

것이다. 불을 사용할 줄 알게 되면서 인류는 한대지방과 나아가 북극 가까이까지 거주 지역의 영역을 확대할 수 있었다.

반면 이러한 구석기 문화로부터 신석기 시대로의 발전은 수렵, 어로, 채집경제의 약탈 경제 시대의 변화를 가져왔다. 구석기 시대에는 소규모 집단으로 이동생활을 했고 동굴생활을 하였으며, 사회의 분화가 이루어지지 않았고, 인구밀도가 낮았다.

그러나 이러한 약탈의 시대로 접어들면서 인류는 새로운 변화를 맞이하게 된다. 약 1만 년 전부터 시작된 농경과 목축은 자원의 약탈경제를 생산경제로 바꾸는 계기가 된 것이다. 초기의 원시농경에서는 쟁기가 사용되지 않고 따비, 괭이, 굴봉 등이 사용되었고 그다지 생산력이 높지도 않았다.

따라서 신석기 시대의 인류들은 보다 높은 생산력을 확보하기 위해 동물을 다루는 기술을 개발하게 된다. 결국 자연의 부조화에서 인간은 그들 자신들만의 방법으로 자연을 개척하여 생존하였던 것이다. 동물의 힘을 이용하면서 농업생산력이 증가하고 식량의 잉여생산이 가능하게 되었는데, 이러한 농업에 의한 생산기술의 개발을 고든 차일드(V. G. Childe)[2]는 '신석기 혁명'이라고 명명한다. 따라서 이 시기에는 농경과 목축의 영향으로 인해 식량의 잉여생산이 가능해지고 이로 인해 부의 축적과 분업화가 진행되었으며, 사회적으로는 계급 분화와 도시의 발달이 이루어지게 된다.

인간 생존을 위한 과학기술의 발전과 혁명적 시대 변화는 근대와 현대에 들어와서도 지속되었다. 특히 근대의 산업혁명은 도시의 발달과 분업 및 전문화에 따른 기계의 발명과 과학기술의 발달을 가져왔다.

특히, 증기기관의 발명에 따른 동력의 발달과 바퀴를 이용한 여러 가지 기계의 발명은 산업혁명의 기반이 되었다. 동시에 이것은 인간의 육체적 노동에만 의존하던 기존의 생활방식에 근본적으로 변화를 가져왔다. 기계에 의한 대량생산과 대량 판매는 많은 다수의 생존을 가능하게 하는 사회적 변화를 이루게 된 것이다. 더욱이 이러한 산업혁명의 영향은 새로운 발명과 기계를 만들어냄으로서 현대 과학기술 문명의 모체가 되었다.

| 비어 고든 차일드(Vere Gordon Childe, 1892~1957)

따라서 사회적 변화와 문화적 혁명에는 언제나 과학기술의 발전이 그 근저에 놓여 있었으며, 이러한 과학기술 발전의 또 다른 배경으로는 인간 생존의 욕구가 깔려있는 것이다. 그렇다면 과학과 기술이란 개념은 각각 어떻게 정의할 수 있을까? 이제 과학과 기술에 대한 개념적 정의에 대해 논의해 보도록 하자.

3. 과학의 정의와 그 오해들

과학과 기술에 대해 우리는 어떻게 이해해야 하는가? 만약 여러분에게 과학이 무엇이냐고 묻는다면 얼 뜻 대답하기란 그리 쉬운 문제가 아닐 것이다. 그리고 그 질문에 답하기 위해 우리는 우선적으로 사전이나 인터넷 검색엔진을 통해 찾는 것이 상식일 것이다. 그렇다면 인터넷의 검색엔진에서 과학이란 용어를 검색해 보자. 인터넷에 등장한 두산세계대백과

사전 엔싸이버에서는 과학을 다음과 같이 서술하고 있다.

| 두산세계대백과사전 엔싸이버

영어와 프랑스어 science는 모두 어떤 사물을 '안다'는 라틴어 'scire'에서 연유된 말로, 넓은 의미로는 학(學) 또는 학문(學問)과 동일한 의미로 사용되기는 하지만 독일어의 'Wissenschaft'는 학문(Wissen)과 명백히 구별되어 과학을 의미하며, 철학·종교·예술과 대립되는 개념으로 쓰이는 일이 많다. 좁은 의미로는 모두 자연과학을 뜻한다. 즉, 과학은 어떤 가정 위에서 일정한 인식목적과 합리적인 방법에 의해 세워진 광범위한 체계적 지식을 가리키는 동시에 자연 연구의 방법과 거기에서 얻어진 과학지식이 축적되어 온 까닭에 자연과학과 같은 뜻으로 쓰인다. 보다 넓은 의미로는 인간의 욕구나 욕망에 적합하도록 주어진 대상을 변화시키는 모든 인간적 행위를 말한다.

여기서 우리가 알 수 있는 것은 과학이라는 것이 자연을 이해하고 알아가고자 하는 인간의 욕구에 부응하는 체계적인 지식이라는 것이다. 자연을 바르게 알고자 하는 인간의 본능적인 지식 욕구에 대해 이미 고대 철학자인 아리스토텔레스(Aristotle)는 자신의 저서 『형이상학(Metaphysics)』에서 모든 인간은 본성적으로 무엇인가를 알고자하는 욕구가 있다고 적고 있다. 그에 따른다면 인간은 그 무엇인가를 알고자하는 과학적 동물인 것이다.

일상적인 대화에서 '과학'이라는 말은 무엇에 대한 강한 믿음을 주거나 혹은 그것을 넘어

참이나 진리를 의미하는 것으로 이해하는 경향이 있다. 그래서 한 침대 광고에서도 더 이상의 침대는 가구가 아닌 과학으로 선전하고 있다. 왜 그런 현상이 벌어지는 것일까?

| 아테네학당의 아리스토텔레스(라파엘로 作)

그것은 과학이 지닌 영향력이 그 만큼 크기 때문이며 우리 사회에서 과학이 신뢰받을 수 있는 지식으로 특권적 지위를 누리는 것도 그 때문일 것이다. 물론 과학은 그러한 대접을 받을 만한 특징을 가지고 있다.

인간 생존을 위한 과학의 발달은 현대과학, 특히 자연과학에 있어서는 매우 정교한 연구방법과 실험을 동반하고 있다. 그리고 물질과 생명의 다양한 영역들을 체계적으로 탐구하고 있기 때문이다. 과학이 자연과 세계에 대한 관찰과 실험에 기초하여 이론적으로 탐구한 결과는 현재와 불과 몇 년 전을 비교해 보아도 우리 삶에 있어 극적인 변화의 원동력임을 알 수 있다. 그래서 과학은 세계에 대한 풍부한 지식을 제공해 주는 것과 동시에 우리 인류에게 수많은 혜택과 함께 생존의 길을 열어 주고 있는 셈이다.

호모 하빌리스 이후로 과학은 인간 생존의 문제를 해결하는 것을 넘어서서 생활의 질을 향상시키는데 크게 기여하였다. 과학과 그에 따른 기술의 발전은 빈곤의 문제를 해결해 주는 것은 물론, 수많은 질병을 퇴치했을 뿐만 아니라 교통과 통신수단을 발전시켜 현대인의 삶의 양식을 윤택하게 해 주었다. 그래서인지 몰라도 과학에 대한 일부의 부정적인 시각과 더불어 과학기술의 발전만이 이러한 난관을 극복하고 인류의 행복을 더욱 보장해 주리라는 이중적인 믿음이 동시에 공존하고 있다.

현대에 와서는 과학기술의 급속한 발전과 변화에 힘입어 우리의 삶도 그 무엇보다도 빠르게 변화되고 있다. 이러한 빠른 변화 속에서 우리들은 과학의 발전에 대해 한편으로는 불안한 시각으로 보고 있는 것이 사실이다. 최근의 환경오염이나 자원의 고갈뿐만 아니라 전쟁의 위협 속에는 언제나 과학기술과 직접적인 연관성을 갖기 때문이다.

흔히 우리는 현대문명이 가져온 환경오염이나 대량살상무기의 개발과 같은 부정적인 측면에는 과학기술이 작용한다고 여기고 있다. 그런 측면에서 보았을 때 이러한 문제점이 결국 모든 것을 분석적으로 이해하려는 과학적 사고방식에 기인한다고 여기는 경향까지 있다.

그렇지만 여기에서 중요한 것은 과학기술시대에 살고 있음에도 불구하고 현대인들이 과학과 기술에 대한 이해가 지나치게 편협되거나 과학기술에 대한 실질적인 이해에 무관심하다는 점을 지적할 수 있다. 무엇보다 과학과 기술에 대한 올바른 이해가 어쩌면 우리에게 당면한 현실적인 문제들을 극복할 수 있는 첩경이 될 수 있다는 점을 명심할 필요가 있다.

그리고 과학에 대한 또 다른 오해가 있는데, 그것은 과학을 일부 과학자들의 전유물로만 여기고 있다는 점이다. 몇 년 전 우리는 황우석 박사 사건을 접한 적이 있다. 이 사건을 통해 과학의 발전과 그것이 제시하는 미래의 문제에 대한 해결은 더 이상 과학자들만의 문제가 아님을 피부로 느끼게 하는 사건이었다. 이 사건 이후 과학과 기술의 역사를 다루는 서적은 물론이거니와 과학기술 방법론 그리고 과학과 가치(윤리)의 관계에 대해 많은 관심을 기울이게 되었다. 본래 아리스토텔레스가 언급한 바와 같이 지적 호기심이 인간의 본성이라고 했을 때, 삶의 가치라는 측면에서 과학기술에 대한 반성이 요구됨은 물론이다.

황우석박사와 복제견 스누피

따라서 현대는 과학과 기술이 우리 인류와 사회에게 어떤 의미를 가지는지 아니면 어떠한 영향을 미치는가에 대해 진지하게 고민해 보아야 할 시점이다. 이러한 시점에 과학이 인간의 행복을 위해 공헌할 것이냐 아니면 인간을 파멸로 이끌 것이냐 하는 논쟁은 과학기술의 시대를 사는 우리에게 이미 때늦은 논쟁일 수도 있다. 무엇보다 중요한 것은 현실적인 측면에서 과학과 기술의 발전이 가져온 문제를 어떻게 이해할 것인가에 대한 반성을 통해 더 나은 미래를 준비하는 차원에서 새로운 과학과 기술의 방법론을 모색해야 할 것이다.

4. '기술'이 갖는 의미

우리는 현대를 '과학기술의 시대'라는 말로 자주 사용한다. 그렇다면 기술이란 무엇일까? 평상시 기술이라 하면 단지 도구의 사용만을 생각하게 되는데 그것은 기술에 대한 협소한 의미라 할 수 있겠다. 보다 넓은 의미의 기술은 인간의 욕구나 욕망에 적합하도록 주어진 대상을 변화시키는 모든 인간적 행위를 말한다. 백과사전에서의 기술(技術)의 정의를 살펴보자.

기술이란 그리스어 '테크네(technē)'에서 유래되는 유럽계 언어의 번역어에서 비롯된 것으로서, 어원적으로는 예술 · 의술 등도 포함하나 오늘날은 주로 생산기술의 뜻으로 사용된다. 즉, 보통 물적 재화를 생산하는 생산기술의 뜻으로 사용되고 있다. 이러한 의미의 기술은 자연의 생성이나 인간의 생산적 사고 등과는 구별된다. 이러한 의미로서의 기술의 개념을 체계적으로 고찰한 최초의 철학자는 고대 그리스의 아리스토텔레스로서, 그는 인간정신의 진리를 파악하는 한 방법으로 테크네를 프로네시스[思慮] · 에피스테메[認識] · 소피아[知慧] · 누스[理性]와 같은 선상에 놓고 그 이동(異同)을 논하여, 테크네를 외적인 것의 생산을 목적으로 하는 프래크시스[製作]라고 정의하였다.

이 정의는 고대 · 중세를 거쳐 산업혁명 시대까지 가장 포괄적인 것으로 알려져 왔으나, 산업혁명에 의한 기계문명의 출현으로 기술의 새로운 정의가 요구됨에 따라 기술이란 무엇인가 하는 문제가 흔히 논의의 대상이 되었다. 가령 영어의 테크닉(technique)이나 테크놀러지(technology)도 반드시 엄밀하게 구별되어 사용되는 것은 아니다. 이와 같이 기술의 개념을 어떻게 규정할 것인가를 주로 논하는 학문분야를 기술론이라고 한다. 현재 유력한 설은 다음의 두 가지이다. 그 하나는 의식적용설인데, 인간의 생산적 행위에 객관적 법칙을 의식적으로 적용하는 것, 즉 과학의 응용이라는 설이며, 인간행동의 목적의식성과 합법칙성을 지적하고 인간행동의 주체성을 강조하는 설이라 할 수 있다. 다른 하나는 수단체계설이며, 인간의 생활 활동에 있어서의 노동수단과 그 체계를 기술이라고 보는 설이다.

이러한 입장에서는 기술을 "어떤 사회적 체계 내에서 발전하는 노동수단" 또는 "자연에 관한 인식에 의지하여 인간에 의해 창조되는 노동수단의 총체" 등으로 규정하기도 한다. 한편, 기술은 언제부터 발생하여 어떻게 발달하여 왔는가에 대해 오늘날 활발히 연구가 진행되고 있다. 벤자민 프랭클린(B. Franklin)은 인간을 '도구의 창조자'라고 하면서 기술의 역사는 인간의 역사와 같이한 것으로 추정한다. 이와 같은 기술발달의 역사적 법칙을 구명하는 학문을 기술사라고 한다.

여기에서 언급하고 있듯이 전통적인 의미에서의 기술은 어떤 사물을 잘 다루는 방법이나 인간의 숙달된 능력이라고 할 수 있다. 하지만 과학혁명과 산업혁명 이후 기술(technology)은 과학이론에 적용하여 자연과 사물을 인간생활에 유용하도록 하는 수단으로 정의되고 이해되어 왔다.

즉, 전통적 의미에서의 기술이 도구를 다루는 인간의 솜씨와 숙련도였다면 새로운 의미의 기술은 과학이론의 응용 혹은 적용이라고 할 수 있다.

인류가 처음 도구를 만들어 사용하기 시작했을 때에는 과학과 기술을 따로 구분하지 않았다. 당시의 경험을 통해 자연에 대한 단편적인 지식이 축척되기는 했지만, 그러한 지식이 특별히 논리적인 체계를 갖지는 않았다. 따라서 이 시기에는 기술과 딱히 구별할 수 있는 과학이 없었다고 보는 것이 옳다. 이와 같이 인류는 과학보다는 기술을 우선적으로 생존의 도구로 사용하였다.

이를테면 19세기에 유체역학이 등장하지만 우리 인간은 그 오래전부터 바다에 배를 띄우는 기술을 가지고 있었다. 인간이 생존하기 위해서는 자연에 대한 체계적인 이해보다는 우선적으로 그것을 이용해야 했었기 때문이다.

그 후 기술에 대한 체계적인 해석과 함께 자연에 대한 과학이 등장하기 시작했다. 고대 그리스 자연철학자들에 의해 과학이 등장하기 시작하면서 기술과 과학은 분화되기 시작한다. 이 시기부터 과학과 기술은 별도로 발달하고 전승되기 시작한다. 과학은 주로 철학자들에 의해 철학적인 논의의 과정에서 그 체계가 서서히 형성된다. 그래서인지 과학에는 학적인 전통이 짙게 배인 반면, 기술은 주로 전문 기술인들이나 장인들에 의해 발전되고 계승되었다.

근대에 이르기까지 이런 학적인 전통과 장인적인 전통은 서로 양립하면서 평행선을 그어왔다. 학자들은 그들의 논리로 장인들이 알아들을 수 없는 언어를 가지고 체계화시켰고 장인들은 학자들과 교류하지 않고 손에서 손으로 그들의 기술과 전통을 전수하게 된다. 이 시기에는 오히려 과학과 철학이 밀접하게 연결되는 반면, 과학과 기술은 오히려 거리가 점점 멀어지고 만다. 고대가 과학의 시대였다고 한다면, 중세는 기술의 시대인 셈이다.

중세에는 기독교의 등장으로 인간의 모든 우주론적인 호기심은 종교가 대신하게 된다. 반면 이 시기에 사람들의 관심은 더 많은 생산을 위한 기계 제작이나 도구의 발견에 있었다. 그 후 근대과학혁명은 철학과 결합하고 있던 과학이 철학과는 거리가 멀어지게 되는 반면, 기술과는 오히려 밀접하게 연결되는 사건이라고 할 수 있다. 실제로 과학혁명기에 과학자들은 그들이 지켜 오던 학자적인 체면이라는 가면을 벗어 던지고 과감하게 장인들의 작업장으로 뛰어들게 된다.

이러한 과학혁명 이후에 과학과 기술을 구분하던 경계선은 서서히 무너지기 시작한다. 과학은 기술의 발전을 선도했고 기술의 발전은 과학발전의 발판을 마련해 주었다. 이러한 과학과 기술의 결합에 매개체 역할을 한 것은 산업자본이었다.

자본의 힘은 과학의 발달에 따라 고도로 정밀한 실험이 요구되었고 기술의 발전이 이런 요구를 충족하는 여건을 마련하게 된다. 과학과 기술이 상호 결합됨으로써 과학은 기술의 진보를 촉진하고 또한 기술에서 요구되는 문제는 과학의 발전을 자극하는 상승효과를 가져왔다. 이렇게 과학기술은 급속도로 발전하기 시작하면서 과학과 기술은 불가분의 관계에 놓이게 되었다.

오늘날에 들어서 과학과 기술의 이러한 결합은 서로 다른 양상을 띠게 된다. 현대인들은 '과학기술' 이라는 용어로 서로 붙여 사용하게 되고 인류의 생존과 번영 그리고 행복은 곧 과학기술에서 비롯된다는 환상까지 심어주게 된다.

현대의 과학기술은 우리에게 있어 하나의 문명으로, 하나의 문화로, 하나의 삶과 의식변화의 주체가 되어 버린 지 이미 오래되었다. 예를 들어 TV나 컴퓨터와 인터넷, 모바일 폰 등 이미 많은 과학기술의 산물들은 우리의 삶을 지배한다고 볼 수 있다. 이는 곧 과학기술이 우리의 삶이고 문화라 할 수 있다.

과학기술은 인간 사고의 틀을 마련하고, 사회를 도구와 물질로 지탱해주는 밑거름이다. 지금까지의 사회 발전도 과학기술에 의해 주도되었으며 앞으로도 그러할 것이다. 때문에 과학기술의 시대로 불리는 현대에서 과학과 기술을 바르게 이해하지 못하면 교양(culture) 있는 전문인이라고 부르기 어려우며, 자신이 속한 학문 영역에서 큰 발전을 기대하기 어려운 실정이다. 그렇다면 왜 과학기술을 알아야 하는가에 대해서 심도 있게 논의해 보자.

5. 과학기술을 공부해야 되는 이유

지금까지의 세계 역사는 크게 세 가지 하부구조의 혁명시대를 거치면서 발전하였다. 앨빈 토플러(A. Toffler)[3]는 이러한 세 혁명을 물결이라고 말하고 있다. 제1의 물결은 앞에서 언급한 신석기 혁명으로부터 비롯된 농업혁명이다.

이러한 혁명은 대략 3000년 정도의 기간을 걸쳐서 완만한 전개과정을 지닌다. 농업의 파

| 세계적인 미래학자 앨빈 토플러

도는 점차 세계로 확산되어서 주변의 어로 민족과 수렵 민족을 점차 농경민족으로 바꾸어 나갔다. 그래서 이 농경사회를 기반으로 한 문명권에는 모두 토지에 기초를 둔 생활양식을 형성하였다. 그래서 그들 문명권에는 민족적인 차이가 있기는 하지만 본질적으로 어느 정도의 유사성을 지닌다고 할 수 있다.

제2의 물결은 산업혁명이다. 이 시기는 300년밖에 걸리지 않았다. 많은 기계의 발명으로 인해 대량 생산, 대량 소비, 매스 미디어, 대중 교육 등이 확산되며 분업식의 시스템에 토대를 둔 생활이 인류에게 전개된다. 제1의 물결이 어로 민족이나 수렵 민족들을 농민으로 바꾸어 놓은 것과 같이 제2의 물결은 농민을 공장의 노동자로 바꾸어 놓았다.

앞에서도 언급하였지만 이 산업혁명의 발단은 1712년 영국의 기술자인 토머스 뉴커먼(T. Newcomen)에 의해 실용성 있는 증기 기관이 발명되면서부터 시작하여 제임스 와트(J. Watt)에 의한 증기기관의 공장 생산라인은 그 혁명의 직접적인 원인이 되었다. 이러한 산업주의는 사회의 여러 가지 개별 현상을 모두 모아서 마치 부품으로 기계를 조립하는 것과 같이 머리와 꼬리가 연결된 광범위하고 강력한 사회 체제를 만들어 갔다.

| 제임스 와트(J. Watt, 1736~1819)와 증기기관

제3의 물결은 불과 20여 년 동안 역사의 흐름을 바꾸고 있는 정보화 혁명을 일컫는다. 지금 우리가 살고 있는 현대의 사회가 바로 정보화 사회라는 데에 이견이 없을 것이다. 이 혁명의 기저에는 컴퓨터의 발명과 정보의 변화가 깔려있다. 정보통신기술의 발달, 경영환경의 급변으로 인해 현대 사회는 과거 산업화 시대의 유물인 수직적 조직 형태로부터 네트워크형, 수평적, 분권화된 조직형태로 옮겨가게 되었다.

이 시대에는 정보, 지식을 많이 가지고 이를 잘 활용하는 것이 곧 부와 권력을 누리는 시스템이다. 이 혁명의 시발점에 대해서는 학자들 저마다의 의견이 다양하지만 대략 1985년을 정보화 혁명의 시발점으로 보고 있으며, 이러한 정보화는 약 30여년 정도 지속될 것으로 보고 있다.

그렇다면 대략 2015년쯤에는 또 다른 물결이 몰려오리라는 것이 예측가능한데 제4의 물결은 어떤 것일까? 앞으로 가까운 미래사회는 어떤 혁명의 시기이고 몇 년간을 유지할 것인가? 즉 농업혁명 3000년 → 산업혁명 300년 → 정보화 혁명 30년 → 00혁명 0년이 될까?

이러한 질문은 현대를 사는 우리에게 무엇보다 시급하게 해결해야 할 심각한 고민거리임에 분명하다. 이 물음에 답하기 위해 하나의 힌트가 있다고 한다면, 그것은 한 시대를 지배하는 패러다임이 짧아지고 있다는 사실과 이러한 혁명적인 패러다임에는 과학기술의 변화와 깊은 연관성을 지니고 있다는 점이다. 따라서 과학기술에 대한 올바른 이해만이 우리의 가까운 미래의 삶을 준비하는 유일한 길이다.

농업의 혁명은 돌을 갈아 정교한 도구를 만듦으로 이루어진 것이다. 정교한 도구의 사용과 함께 자연에 대한 인류의 지식도 차츰 증가하기 시작했다. 문명이 발달한 지방에는 사냥도구, 농기구, 무기 등을 만드는 기술이 발달하고, 인간의 생활과 밀접한 자연에 관한 여러 가지 지식들이 축적되어 있다. 그리고 이러한 신석기 혁명 시기에 정교한 도구를 다루는 사람은 그렇지 못한 사람들과 구분되었다. 결국 식량생산에 의해 생긴 여유는 마침내 전문기술자를 낳게 되고 또한 계급을 형성하게 된다.

반면 산업혁명의 발생 요인을 경제적으로는 크게 수요적 요인과 공급적 요인으로 나누어 볼 수 있다. 우선 수요적 요인으로는 농업 생산력의 증가와 그에 따른 소득과 수요의 증가, 중상주의 시대의 식민지 개척으로 인한 수요의 증가이다.

공급적 요인으로는 인구증가에 따른 노동력 확보와 식민지 개척에 따른 풍부한 원료 공급 등이 있으며, 기술의 발달과 제도의 변화 또한 산업혁명의 원인이 된 것이다.

그 결과로 산업혁명 중 영국에서는 중소농민의 몰락과 노동자의 증가, 농업혁명, 기계의 발명 등과 공장제의 출현, 교통과 상업이 발달되었다. 여기에 자본가와 노동자의 계급이 형성되고 빈부의 격차가 커지는 등의 현상이 나타나게 된다. 특히 생산방식의 변화와 그에 따른 생산량 증가로 인하여 결국 농업(1차 산업) 중심의 사회에서 제조업(2차 산업) 중심의 사회로의 사회 및 경제의 구조적 변화가 일어난 것이다.

정보화의 혁명 또한 마찬가지이다. 사회적, 정치적, 경제적 능력의 차이에 따라 정보력의 격차가 발생하였다. 이러한 정보력의 격차에는 새로운 문명으로 우리에게 다가오는 과학기술의 적응도와 맞물려 있다. 이것은 정보에의 접근을 불평등하게 할 가능성이 높으며 이미 빈부격차로 연결될 가능성도 매우 높다. 정보격차에 대한 이러한 우려가 아직 우리의 일상생활을 통해 뚜렷한 징후가 포착되고 있지는 않지만 근래 정보문제와 관련하여 논의되고 있는 한 국가 내의 지역 간의 정보격차 문제, 선진국과 후진국간에 이루어지고 있는 TDF(Transboader Data Flow)논쟁[4)]의 심각성을 고려할 경우, 정보 격차 문제를 단지 특정 국가차원의 문제에만 한정시키기는 어렵다. 따라서 지금은 인류의 미래와 자신의 미래를 위해 과학기술의 의미와 그 특징에 대한 이해가 무엇보다 절실한 시점이라 하겠다.

제1장 주해

1) 독일의 사회과학자로 강단사회주의자(講壇社會主義者)와 대결하였으며 역사학파가 가지는 이론적 약점을 지적하고, 그 극복에 노력하였다. 주요 논문에 《사회과학적 및 사회정책적 인식의 객관성》, 《프로테스탄티즘의 윤리와 자본주의의 정신》이 있다.

2) 오스트레일리아의 언어학자로 이후에 고고학을 전공하게 되는 인물이다. 스카라 브라에의 신석기 유적을 스코틀랜드의 오크니 제도에서의 발견과 선사 시대에 대한 마르크스주의적 사관으로 명성을 날렸다. 그는 또한 '신석기 혁명'과 '도시 혁명'이라는 용어를 만들어 냈다. 그는 유럽과 범세계적인 선사시대 이론 개발의 선구자적인 역할을 한 위대한 고고학자였다.

3) 미국의 미래학자이다. 대표작 《제3의 물결》에서 처음으로 재택근무 · 전자정보화 가정 등의 새로운 용어가 사용되었다. 이외에도 《미래의 충격》, 《권력 이동》 등이 있다.

4) TDF란 국가 간 정보 유통, 즉 국경을 넘어 정보가 유통되는 것을 말한다. 대상이 되는 데이타는 컴퓨터로 자동 처리되며, 유통수단은 반드시 전기통신에 한하지 않고 테이프로 우송되는 것도 포함한다. 데이타 유통이 활발해짐에 따라 국제간의 정보 불균형 문제, 국제정보통신산업에 대한 영향 등의 문제가 TDF 문제로 대두되어 국제적 논의의 대상이 되고 있다.

제2장 과학기술과의 만남 1 : 에너지

1. 불과 에너지

인류가 이룩한 가장 큰 과학 기술적 변혁으로 하나를 고른다면 그것은 당연히 불의 발견과 그것의 사용일 것이다. 초기 인류가 달성해 놓은 과학 기술적 성과물들 중에 직조와 재봉 등은 이미 몇몇 동물들에 의해서도 선행된 흔적이 있었지만 불의 발견과 이용은 인간이외에는 그 어떤 동물도 사용한 적이 없다는 점에서 인간을 인간으로 특징짓게 하는 중요한 발견이다. 인간이 불을 사용하게 된 기원에 대해 그리스 신화에서는 다음과 같은 프로메테우스 이야기를 제시하고 있다.

프로메테우스는 인간에게 우선 직립할 능력을 주었다. 덕택에, 다른 동물들은 모두 고개를 숙여 땅을 내려다보는데 인간만은 고개를 들고 하늘을 바라볼 수 있었다. 그러나 똑바로 서서 걸을 수 있을 뿐, 그들은 처음에는 다른 동물과 다를 바 없는 가엾은 짐승에 지나지 않았다. 몸을 가리는 따뜻한 털가죽도 없었고, 사자처럼 빨리 달릴 수도 없었으며, 거북이처럼 단단한 등껍질도, 독수리처럼 날카로운 발톱도 없었다. 일이 그렇게 된 데에는 에피메테우스의 책임이 컸다. 그는 인간을 비롯한 다른 동물들에게 살아가는 데 필요한 여러 가지 능력, 이를테면 용기, 힘, 속도 같은 것을 부여하는 임무를 맡고 있었다. 동생이 그 일을 해내면 프로메테우스는 그 결과를 점검, 감독하게 되어 있었던 것이다. 그런데 요량이 없는 에피메테우스가 신바람이 나서 닥치는 대로 선물을 나누어 주는 바람에 막상 인간의 차례가 되자, 아무것도 남아 있는 게 없었다. 당황한 에피메테우스는 헐레벌떡 형을 찾아와 하소연을 했다. 프로메테우스는 징징 짜는 동생을 달래놓고는 속이 빈 회향나무 막대기 하나를 품속에 숨겨 하늘로 올라갔다. 그리고는 제우스의 전용 무기인 벼락에서 불씨를 옮겨 붙여, 들고 갔던 막대기 속에 숨겨가지고 돌아왔다. 프로메테우스는 이튿날, 인간을 불러 모아 불씨를 건네주고, 나무와 나무를 비벼서 불을 만드는 법도 가르

| 불을 손에 든 프로메테우스

쳐 주었다. 프로메테우스의 이 선물 덕분에 인간은 다른 동물들이 감히 넘보지 못하는 존재가 되었다. [『거꾸로 읽는 그리스 로마 신화』 中에서]

프로메테우스는 '먼저 생각하는 사람' 그리고 동생 에피메테우스는 '나중에 생각하는 사람' 이라는 뜻이다. 어느 날 모든 동물에게 생존의 선물을 나누어 주던 에피메테우스가 인간에게 무엇을 주어야 되는 지를 형에게 물었다. 프로메테우스는 제우스가 감추어 둔 불을 훔쳐 인간에게 내줌으로써 인간에게 맨 처음 문명을 가르친 장본인이 되었다.

불을 도둑맞은 제우스는 프로메테우스에게 형벌을 가하고, 판도라라는 여성을 에피메테우스에게 보낸다. 이때 그는 형의 충고에도 불구하고 그녀를 아내로 삼는다. 이로 인해 판도라의 상자 사건이 발생하였고 인류의 불행이 비롯되었다고 한다.

왜 하필이면 먼저 생각하는 사람 프로메테우스는 인간에게 불을 주었을까? 불이 지니는 현대적 의미는 무엇일까? 이 신화 이야기에서 우리가 엿볼 수 있는 것은 아마도 불을 인간이 다루면서 다른 동물과 구별되는 위치를 확실히 할 수 있었다는 것이다.

구석기 시대의 사람들이 마찰에 의해서 불을 일으킨 것은 인류가 집단적으로 기술의 위력을 경험한 최초의 사건에 해당한다. 이와 같은 불이 가진 현대의 상징적인 의미를 에너지라고 생각할 수 있다. 그래서 자연의 불을 제1의 에너지라 한다면 전기 에너지를 제2의 불이라 부를 수 있고, 원자력을 제3의 불로 칭할 수 있다. 이러한 불의 사용으로 인간의 생활기술은 급격히 향상되었다.

자연의 불은 인류의 생활에서 주요한 수단이 되어 왔다. 석기의 사용과 함께 불의 사용은 원시시대의 인류를 다른 영장류로부터 결정적으로 구별짓게하는 기술이었다. 또한 불의 사용에 의해서 인류는 기원적 거주 지역이었던 열대지역을 떠날 수가 있게 되었고, 또 여러 상태의 환경을 만들어내어 진화와 발전을 촉진시켰다고 생각할 수 있다.

다시 말해 인류는 자연 속에서 불이라는 강대한 에너지를 얻게 됨으로써 온난함과 조명을 취득하게 되었고, 음식물을 조리하고 도구를 만들어냈으며 금속에 대한 과학적 지식도 가질 수 있게 되었다. 또한 인간은 불의 덕택으로 자연의 준엄한 제약으로부터 비로소 해방되어 자연을 지배하기 시작하면서 오늘에 이르기까지 문명사회를 구축할 수가 있었다.

따라서 불의 발전은 곧 에너지의 발전이었다. 에너지(Energy)란 말은 원래 영어가 우리말로 고정되어 버린 경우라 하겠는데, 원래는 그리스어인 에네르게이아(Energeia)에서 유래하였다. 그것은 활동하는 데 필요한 힘을 가리키는 말이지만 어원적으로는 두 가지의 의미를 지니고 있다.

하나는 우리가 일상적으로 알고 있는 에너지에 대한 것으로 에르곤(Ergon)이라 하여 원기나 활력을 요하는 것을 의미한다. 또한 아르곤(Argon)이라 하여 지혜와 나태를 의미하는 이중어이다. 모든 것은 변화된다는 의미에서 운동의 불변을 주장한 파르메니데스(Parmenidēs)[1]를 반대하였던 고대 철학자 헤라클레이토스(Heraclitos)[2]는 불을 만물을 통일하는 근본 물질로 보았다.

| 파르메니데스(왼쪽)와 헤라클레이토스(오른쪽)

그는 세계질서가 "일정한 정도로 타오르고 일정한 정도로 꺼지는 영원히 사는 불"이라고 하였다. 그가 말하는 불은 현상 형태를 확장하여 연료 · 불꽃 · 연기뿐만 아니라 대기의 에테르까지 포함하고 있다.

이를테면 공기 또는 순수한 불의 일부가 바다 또는 비로 변하고, 바다의 일부가 땅으로 변한다. 이와 동시에 모든 곳에서 똑같은 양의 땅과 바다가 각자 바다와 불의 모습으로 되돌아간다는 것이다. 그 결과로 세계는 동적인 평형이 이루어지며, 이것이 세계의 질서 있는 균형을 유지한다.

그의 세계관은 만물은 유전한다, 즉 모든 것은 변한다는 그리스어 판타레이(Panta rhei)라는 말로 잘 정의된다. 이러한 그의 불에 대한 생각이 현실에 가장 잘 드러난 것이 바로 에너지라 하겠다.

현대과학에서 말하는 에너지의 형태도 인간생활에 편리하게 이용하도록 변형시키는 것뿐이다. 인간의 편리라는 것은 그 에너지의 실용적 변형에 의해 결정된다. 이러한 편리성의 요건들을 잘 만족시키면 그 에너지는 질이 높고, 만족시키지 못하면 저급 질이라고 할 수 있다.

고급 질에서 저급 질까지의 서열을 매겨보면 기계적 에너지, 전기적 에너지, 화학적 에너지, 열에너지의 순서이며, 이 서열의 상위에 있는 에너지는 하위에 있는 에너지로 변환하기 쉬우나 그 역으로의 변화는 어렵다. 과학에서 말하는 에너지는 기계, 열, 화학, 전기, 빛 그리고 원자력 등으로 구별되는 데, 불과 에너지의 발전에 대한 인간의 도전사와 그 속에 담겨져 있는 의미를 간략하게 살펴보도록 하자.

2. 불과 에너지에 대한 인간의 도전 1: 자연의 불

잘 알려져 있듯이 우리 인간은 기원전 1만년 경부터 불을 사용하기 시작했다. 그 후 과학자들은 불이 연소하는 이유를 알고 싶어 하였다. 물론 불에 물체들이 왜 타는지도 모르면서 인간은 불에 대한 기술을 가지고 있었다. 이러한 불의 연소에 대한 체계성 있는 이론이 하나 등장하게 되는데, 그것은 고대 아리스토텔레스의 과학에 영향을 받은 17세기의 슈탈(G. E. Stahl)[3]에 의해 제창되었다.

슈탈은 물질이 연소된다는 것은 그 물질에 사로 잡혀 있던 연소의 직접적인 원인인 플로지스톤(phlogiston)[4]이 물질로부터 분리되는 현상이라고 말하고 있다. 그리고 우리가 플로지스톤만 찾으면 새로운 물질로 복원할 수 있다고 주장한다. 슈탈에 의하면 플로지스톤은 가연성을 대표하는 원소로서 가연물질이나 금속은 모두 이것을 함유하고 있다.

특히 숯(목탄) · 황 · 기름 등 연소하기 쉬운 물질은 대부분 플로지스톤으로 이루어져 있었다. 연소할 때는 원래의 물질에서 플로지스톤이 빠져 나가고 뒤에 재가 남았다. 플로지스톤설은 화학현상을 통일적으로 설명하는 최초의 이론인 데다가 불이 탈 때 무엇인가가 빠져 나간다고 하는 감각 경험과도 일치하였다. 또한 당시 크게 부각되어 있었던 연금술에 큰 탄력을 주었다.

| 라부아지에 부부의 초상화

플로지스톤설에 분명히 반대하고,

정확한 연소 이론을 세운 이는 비운의 과학자 라부아지에(A. L. Lavoisier)이다. 그는 오늘날 현대 화학의 아버지로 알려져 있다. 그의 엄격한 연구 방법은 수세기 동안 과학의 발전을 방해한 많은 패러다임을 일소하는데 도움이 되는 사례가 되고 있다. 라부아지에는 짧은 생애를 통해 화학자들에게는 매우 중요한 정확한 측정 방법을 확립하였으며, 처음으로 합리적인 화학명명법의 체계를 세웠다. 하지만 그에게 가장 중요한 업적은 새로운 연소이론의 발견이라 하겠다.

그 당시 이미 금속은 불에 탈 때 산화하여 오히려 무게가 늘어나는데, 이것은 분명 플로지스톤 이론의 반박증거가 됨에도 불구하고 무시되어 왔었다. 라부아지에는 1772년 유황, 인 등의 화합물로 실험한 다음, “연소 과정에서 플로지스톤은 발생하지 않으며 오히려 불에 타는 물체가 공기를 흡수하고 또 공기를 필요로 한다.”는 가설을 발표하였다.

1774년 플로지스톤이 제거된 공기의 독특한 성질을 인식한 영국의 기체 화학자 프리스틀리(J. Priestley)의 연구 등에 힘입어 라부아지에는 공기의 가장 활력 있고 가장 순수한 요소를 산소로 정의하였으며, 계속되는 연구 덕분에 물의 전기분해를 밝혔다. 이는 화학반응에서 산소가 갖는 역할을 최초로 발견해 낸 것으로, 화학이 연금술에서 탈피하여 근대 과학의 한 분야로 정착되면서 눈부신 발전이 이루어지는 계기를 마련하게 되었다. 그렇다면 불에 대한 정확한 이해가 라부아지에의 공헌이라면 에너지란 말을 최초로 사용한 사람은 누구일까?

에너지란 개념이 과학계에서 확립된 시기는 대략 19세기 중엽으로 본다. 그 이유는 폰 마이어(J. R. Von Meyer), 제임스 줄(J. Joule), 폰 헬름홀츠(H. L. F. von Helmholtz) 등에 의한 에너지 보존 법칙이 제기된 시기를 기점으로 하는 것이 통례적이기 때문이다. 그렇지만 모든 형태의 에너지에 대하여 처음으로 에너지라는 용어를 사용한 이는 1853년 존 랭킨(W.

J. M Rankine)에 의해서이다.

| 토마스 영(T. Young, 1773~1829)

그 이후 에너지란 표현을 보다 과학적인 용어로 수용한 이는 영국의 의사이면서 물리학자였던 토마스 영(T. Young)이다. 그는 빛의 파동설을 주장한 대표적 물리학자로 널리 알려져 있다. 1807년 간행된 그의 책 『자연 철학과 기계적 기술에 대한 강의』에 에너지란 말이 처음으로 등장한다.

| 윌리엄 톰슨(W. Thomson, 1824~1907)

책에서 토마스 영은 그때까지 과학자들이 살아 있는 힘, 또는 운동량이라 부르던 것을 통일하여 에너지로 부를 것을 제안한다. 그리고 에너지의 양은 질량에다 가속도의 제곱을 곱한 값이 될 것이라고 말했다. 즉 힘이 곧 에너지로 널리 이해되기 시작하였다.

전통적으로 에너지 즉 힘을 측정하는 세 가지 기본적 기준은 · 질량, 길이, 시간이었다. 하지만 온도 역시 에너지를 하나의 기본적 기준으로 자리를 잡게 되었는데 이러한 공헌에 이바지 한 사람이 바로 켈빈 경이라고 알려진 윌리엄 톰슨(W. Thomson)이다. 켈빈은 물리학자이며 동시에 화학자였고 70여 가지의 특허품을 가진 발명가였다. 그는 토마스 영의 제안을 받아들여 에너지라는 개념을 채택하고 사용한 과학자이다.

그가 남긴 것 중에 가장 중요한 것은 '절대 온도' 라는 개념인데, 절대 온도란 열역학 제2

법칙에 따라 정해진 온도로, 이론상 생각할 수 있는 최저온도를 기준으로 하여 온도단위를 갖는 온도를 말한다. 절대온도의 기호는 K(켈빈)이다. 2개의 열원 간에 있는 어떤 종류의 작업물질을 사용하여 가역(可逆) 사이클을 실현시켰을 때의 열효율은 작업물질의 종류와 관계없이 고저(高低) 두 열원의 온도 T1, T2로 결정된다는 것이 열역학 제2법칙에 의해 증명되었다. 따라서 높은 쪽의 온도 T1을 기준으로 하면 다른 온도 T2는 이 사이클의 열효율에 의해 규정되어진다.

또한 T1에서 작업물질로 바뀐 열량을 Q1이라고 하고, T2에 부여한 열량을 Q2라 하면 T2=T1(Q2/Q1)이라는 관계가 성립된다. 이 관계에 의해 정의되는 온도가 절대 온도인데 이것은 켈빈에 의해 1848년 도입되었다.

예전에는 물의 녹는점과 끓는점을 기준으로 해서 100등분한 것을 1도의 온도 차로 정한 2정점법을 채택했지만, 1954년 국제도량형총회에서 물의 삼중점(기체 · 액체 · 고체상의 평형점)을 273.15K로 정하고, 이를 기준으로 하여 열역학적 온도의 수치를 정하는 1정점법을 채택하게 되었다. 이에 따라 측정한 물의 녹는점은 273.15K이고 끓는점은 373.15K이다. 따라서 절대온도는 섭씨온도와 273.15K의 합이 되는 것이다.

이러한 온도를 기준으로 에너지의 새로운 개념이 19세기에는 절실하였다. 그리고 에너지 문제에 있어 열과 일의 합이 보존되어야 한다는 제임스 줄의 주장이 힘을 얻게 되었다. 따라서 기존의 열이 질량도 없는 칼로릭(caloric)이라는 물질에 의해서 나타나는 성질이라는 이론은 결국 과학계에서 폐기되게 되었다.

1850년 이러한 분위기 속에서 클라우지우스(R. J. E. Clausius)는 열의 운동에 관한 카르노(N. Carnot)의 논문을 검토한 후, 열 분포의 변화에 의하여 동력을 얻을 수 있다는 카르노의 견해를 열과 일의 적당한 양적인 관계에 대한 줄의 원리와 결부시켜 열역학 제2법칙을

| 클라우지우스(R. J. E. Clausius, 1822~1888)

정식화하였다.

그는 이러한 열역학의 제2법칙에 엔트로피의 개념을 도입하여 자연계의 엔트로피는 극대를 향하여 증가한다는 원리를 주장하였다. 그리고 열은 높은 온도에서 낮은 온도로 흐를 수는 있지만 낮은 온도로부터 높은 온도로는 저절로 흐르지 않는다. 또한 일은 열로 바뀔 수가 있지만 열은 일로 바뀔 수가 없다는 것이다. 클라우지우스는 한 가지 방향으로만 변화하는 물리적 양을 수학적으로 정의하는 일에 집중하였다.

그는 15년간의 끈질긴 노력 끝에야 비로소 무질서의 정도를 말하는 엔트로피의 개념을 발견한 것이다. 여기에서 그는 분명 에너지와 되도록 유사하게 만들려는 의도가 있었다. 열역학의 제2법칙인 엔트로피법칙은 인류문명에 대한 또 하나의 비판적 도구로 현대에서는 사용되고 있다.

제레미 리프킨(J. Rifkin)이 쓴 『엔트로피: 새로운 세계관』이라는 책에 의하면 엔트로피는 언제나 증가만 한다는 것이다. 다시 말해 물질과 에너지는 사용할 수 있는 것으로부터 사용할 수 없는 것으로, 질서화된 것에서 무 질서화된 것으로만 변환된다는 것이다. 따라서 원래의 자연 상태를 변형하여 다른 형태의 에너지로 변화시킨 경우 엔트로피는 무척 증가하며 다시는 감소하지 않는다는 것이다.

이렇게 열역학 에너지의 개념인 엔트로피는 인류 발전의 경고의 메시지를 동시에 전하는 원리로 그 의미가 있다고 하겠다. 이러한 에너지의 발전은 결국 인간이 에너지를 소유하게 하고자 하는 기술적인 노력으로 이어지게 되었다. 그 대표적인 사건이 바로 전기의 발전이다. 그렇다면 제2의 에너지인 전기의 발전의 역사와 그것이 지니는 과학기술적 의미에 대해 살펴보자.

3. 불과 에너지에 대한 인간의 도전 2 : 전기

제2의 불인 전기에 대해 이야기 할 때, 우선 피뢰침의 발명으로 우리에게 잘 알려져 있는 과학자인 벤자민 프랭클린(B. Franklin)을 이야기 할 수 있다. 그는 성공적인 개혁가인 동시에 새로운 문화의 선구자이기도 하였다. 그리고 최초로 신문에 만화를 삽입한 사람도 바로 프랭클린이다.

그의 주된 관심내용은 열역학, 해양학, 기상학 등 다양한 분야에 있었지만 무엇보다 특히 전기에 관한 연구를 최대의 관심을 두었던 인물이다. 프랭클린이 전기에 관한 연구를 하기 시작하였을 시기는 전기에 대하여 그리 많이 알려진 상태가 아니었으며, 프랭클린은 그 자신조차도 전기의 원리에 대해서는 잘 알지 못했을 것이다.

그는 여러 가지 연구를 한 결과 천둥이 전기적인 것임을 증명했다. 또한 1749년에 번개와 전기 방전은 둘 다 순간적으로 일어난다는 것과 그것이 같은 종류의 소리와 빛을 낸다는 것, 그리고 물체에 불을 붙이기도하고 금속을 녹일 수 있다는 것을 지적했다. 또한

벤자민 프랭클린(B. Franklin, 1706~1790)

그는 둘이 모두 도체, 특히 금속 속을 흐르며 날카로운 뾰족한 것에 집중되고, 자기(磁氣)를 없애거나 자석의 양극을 거꾸로 하기도, 생물을 능히 죽여 버릴 수도 있다는 것을 증명했다.

1752년, 그는 유명한 연날리기 실험을 하여 소나기구름의 전하를 라이덴병에 모아, 이 전기가 기전기에서 생긴 전기와 동일한 효과를 나타낸다는 것을 발견하였다. 프랭클린은 그가 알게 된 이러한 전기실험의 여러 효과를 설명하기 위해 전기의 본질은 무게가 없는 유체이며 그것이 공간의 모든 곳 그리고 물질 속에까지 퍼져 있다고 가정했다.

물체속의 이 유체의 농도가 바깥의 농도와 같을 경우에는 전기적으로 중성이고, 물체 속에 이 유체가 많아지면 그 물체는 양전기를 띠며, 적으면 음전기를 띠게 되는 것이라고 생각했다. 이 실험 결과를 이용하여 프랭클린은 번개의 피해를 예방하는 피뢰침을 발명하였다. 이것은 전기에 관한 지식이 실제로 이용된 최초의 발명이기도 했다.

프랭클린의 전기연구는 이탈리아의 생리학자이며 동시에 해부학자인 갈바니(L. A. Galvani)에게 큰 영향을 미쳤다. 어느 날 갈바니는 해부한 개구리를 기전기 옆의 칠판 위에 올려놓은 뒤, 기전기를 이용한 실험을 하고 있었다. 그 때 마침 그의 옆에 있던 조수가 아무 생각 없이 해부용 칼을 가지고 개구리 다리의 신경을 건드렸다. 그러자 마자 개구리의 다리 근육이 심한 경련을 일으키며 오그라들었다. 이에 깜짝 놀란 갈바니는 실험을 거듭하여 기전기가 전기 불꽃을 일으키고 있을 때만 개구리 다리에 경련이 일어난다는 것을 발견하였다. 갈바니는 이 놀라운 현상이 동물의 몸 자체에 있는 전기 때문이라고 생각하였다. 갈바니는 이것을 '동물 전기' 라고 불렀다.

그렇지만 갈바니의 동물 전기는 알레산드로 볼타(A. Volta)의 실험에 의해 부정되었다. 이탈리아 물리학자인 볼타는 갈바니의 동물 실험을 검토한 뒤, 동물 전기 현상은 실제로 전기가 존재하기 때문에 일어나는 것이 아니라, 서로 다른 금속의 접촉으로 인해 발생한 전기 때문에 나타나는 현상이라는 것을 깨달았다. 그리하여 볼타는 연속적이고 지속성이 있는 전류를 발생시킬 수 있는 방법을 연구하기 시작하였다.

Ⅰ 알레산드로 볼타(A. Volta, 1745~1827)

볼타는 전해질 용액을 매체로 서로 종류가 다른 금속을 접촉시켰는데, 이 실험에서 계속적으로 흐르는 접촉 전기를 만들 수 있으며, 전지의 원리도 알아낼 수 있었다. 이러한 볼타전지는 전해액(묽은 황산 또는 식염수)에 구리판과 아연판을 삽입한 것으로, 볼타의 전기더미라고도 불린다.

볼타전지는 한 번 사용으로 수명을 다하게 되는 라이덴병과는 달리, 전기를 계속적으로 이끌어 낼 수 있는 장점이 있었다. 따라서 볼타전지는 당시의 과학과 산업 등 여러 분야에서 커다란 공헌을 하였다. 비로소 인간은 전기를 자유로이 다루는 기술을 습득하게 된 것이다. 그렇지만 문제는 전기의 적은 양의 발전이었다.

독일의 기술자이자 기업가인 에른스트 베르너 지멘스(E. W. Siemens)는 이러한 전기의 양적 한계를 넘어서는데 크게 이바지 하였다. 그는 1856년 기존의 발전자를 개량하여 T형 이중 발전자를 제작한 후, 1866년에 이 발전자를 활용하여 자기 방식의 발전기를 개발하였다.

그의 발전기는 강철의 영구자석 대신에 발전기 자체에서 나오는 전류를 사용한 강력한 전자석을 사용했다는 특징을 가지고 있다. 이 경우에는 전자석의 철심에

Ⅰ 에른스트 베르너 지멘스(E. W. Siemens, 1816~1892)

전류가 흐르지 않아도 적은 양의 자기가 남아 있기 때문에 코일을 돌려주면 다시 전류가 발생하고 그것을 동력원으로 사용할 수 있는 부수적인 이점도 있다. 또한 지멘스는 발전기의 응용 분야로서 전차에 주목하였다. 그는 1879년 베를린 박람회에서 전차를 선보였는데, 그것은 지멘스의 회전목마라는 애칭을 얻었다.

1881년에는 세계 최초의 전기 철도가 대중교통기관으로서 베를린의 거리를 달리기 시작하였고 1890년이 되자 유럽과 미국의 많은 대도시에 전차선이 구축되어 운영되고 있었다. 또한, 1882년에 에디슨에 의해 전력의 상업화가 가능해지면서 지멘스의 발전기는 공장에서도 널리 사용되었다.

그 후 20세기에 들어서서 전기의 획기적인 현상이 발견되는데, 그것이 바로 1911년에 발견된 '초전도 현상'이다. 초전도 현상이란 금속이 특정 온도(임계 온도) 이하로 냉각되면 전기저항이 완전히 사라지는 것을 말한다.

1911년 네덜란드 물리학자 헤이커 카메를링 오너스(H. K. Onnes)는 수은의 온도를 낮추면서 전기적 특성을 조사하다가 −269℃의 극저온에서 이 현상을 발견했다. 그 후 납, 주석 등 약 25개 원소와 수천 종의 합금 · 화합물에서도 초전도 현상이 관찰되었다. 도체에 전류를 흘려주면 전기저항 때문에 열이 발생하는데, 전열기는 이 열을 이용하는 대표적인 예다.

헤이커 카메를링 오너스(H. K. Onnes, 1853~1926)

초전도 현상이 일어나면 저항이 없어 열이 전혀 발생하지 않으므로 전열기로 쓸 수는 없다. 그러나 초전도 현상을 이용하면 먼 곳에 전류를 흘려보낼 때 에너지 손실이 없어 효과적이다. 전기 저항은 도체의 자유 전자가 움직일 때 주변의 이온이나 다른 전자들과 충돌하기 때문에 발생한다. 따라서 저항이 '0'이 된다는 것은 자유전자가 아무런 방해도 받지 않고 도체 속에서 운동하게 된다는 뜻이다.

이로써 21세기 꿈의 기술을 약속하는 초전도 물리학은 반석 위에 놓이게 되었다. 1957년에 존 바딘(J. Bardeen), 레온 쿠퍼(L. N. Cooper), 로버트 슈리퍼(R. Schrieffer)는 임계 온도보다 낮은 온도에서 전자들이 쌍을 이루어 함께 움직이면서 초전도 현상을 일으킨다는 소위 BCS이론을 발표했다.

BCS이론에 의하면 전자의 흐름을 방해하는 포논(phonon)이 낮은 온도에서는 진동이 감소하고, 이것이 전자의 상호관계에 영향을 주어 정반대의 스핀과 운동량을 갖는 쿠퍼쌍(Cooper pair)이라는 전자의 짝이 만들어진다. 이 전자쌍은 모두 똑같은 운동량으로 아무런 저항도 없이 고체를 통과하여 초전도 현상이 나타난다. 여기서 'BCS'라는 것은 이 이론을 만든 과학자들의 영문 이름 앞 글자에서 따온 데서 비롯되었다.

1956년 노벨상을 수상한 바딘은 1950년 무렵부터 초전도 현상에 대해 연구하기 시작했

| 1972년 초전도 이론으로 노벨물리학상을 수상한 쿠퍼(왼쪽), 바딘(가운데), 슈리퍼(오른쪽)

다. 이후 바딘은 뉴욕의 과학자 쿠퍼, 당시 대학원생이었던 슈리퍼와 함께 연구하여, 드디어 1957년 초전도에 대한 일반 이론을 발표했다. BCS이론으로 이들 세 사람은 1972년 노벨 물리학상을 수상했다.

4. 불과 에너지에 대한 인간의 도전사 3 : 원자력

이제 제3의 불인 원자력에 대해서 이야기를 해보자. 우리 인류는 중세가 멀리 지나갔을 때까지도 대부분의 모든 작업은 인간의 힘을 이용해서 이루어졌다. 그 이후 동물, 물 및 바람의 힘이 전면에 등장했고, 18세기 이래로는 석탄과 석유 같은 화학적 힘으로부터 추출한 동력이 널리 사용되었다. 그렇지만 20세기에 들어서, 화학적 에너지 이외에도 인류의 큰 변화를 가져온 에너지원은 바로 원자력이라고 할 수 있다.

하지만 우리에게 잘 알려진 원자력의 사용은 전쟁 수행을 위한 것이었고, 원자력의 개발이 빠르게 진행될 수 있었던 것도 바로 전쟁 때문이었다. 원자력이란 원자핵의 붕괴나 핵반응의 경우에 방출되는 에너지 또는 지속적으로 방출되어 동력 자원으로 쓰일 때의 핵에너지를 말한다.

이러한 원자력 에너지발전의 역사는 1895년 뢴트겐(W. K. Röntgen)에 의한 'X선'의 발견을 시발점으로 한다. 그 후 베크렐(A. H. Becquerel)에 의해 자연 방사능이 발견되었으며, 퀴리부부에 의해 라듐이 발견되었다. 남편인 프랑스의 물리학자인 피에르 퀴리(P. Curie)와 여류 화학 · 물리학자인 마리 퀴리(M. Curie) 부인은 1898년에 라듐을 발견하였다. 라듐은 우라늄보다 강력한 대표적인 방사성 원소로 암 치료와 물리 · 화학 실험용, 공업

용으로 쓰이게 되었으며 이들 부부는 1903년 노벨 물리학상을 받았다.

| 알베르트 아인슈타인(A. Einstein, 1879~1955)

그 이후 1908년, 영국의 에른스트 리더퍼드(E. Rutherford)가 α선의 산란실험에서 원자핵이 존재하는 것을 밝혀내었으며, 1911년에는 원자는 양전기를 띤 핵과 음전기를 지는 전자로 구성되었다는 원리를 밝혀냄으로 핵에너지의 아버지라는 별명을 얻어내었다.

또한 인류의 대 물리학자인 알베르트 아인슈타인(A. Einstein)에 의한 특수상대성이론 및 일반상대성이론이 완성되었고, 그에 의해 「질량에너지의 등가법칙」이 규명되자 비로소 물질에 대한 미시적 세계의 해석이 가능하게 되었다.

| 히로시마 원폭 투하

1945년 8월 6일 미국의 폴 디벳 중령이 운행한 B-29 폭격기는 일본 히로시마 상공에서 겉표면에 작은 소년(Little Boy)라고 적혀 있는 길이 3m에 지름이 0.7m인 작은 물체를 떨어뜨렸다. 그것은 마치 태양이 폭발한 것과 마찬가지로 버섯구름을 만들어내며 한꺼번에 14만 명을 죽이는 대형 무기로 변신하였다. 이것은 에너지의 활용이 인간에게 얼마나 중요한 일인가를 일깨워 주는 사건으로 인류사에 남아있다. 따라서 1950년대에 접어들면서는 세계 각국에서 원자력의 평화적 이용에 대한 관심이 고조되었다.

제2차 세계대전이 끝난 후 세계 각국은 원자력개발에 큰 관심을 가지게 되었다. 사실상 종전을 가져온 원자폭탄의 엄청난 위력을 군사적, 경제적 목적으로 이용하는 것이 곧 국력을 신장시키는 원동력으로 인식하였기 때문이다. 원자폭탄을 가지지 못한 대부분의 국가들은 군사적인 목적에서 원자력을 개발하기 위한 노력을 집중하고 있었으며, 미국을 중심으로 한 핵무기 보유국들은 원자력을 군사적 목적이 아닌 평화적인 목적으로 이용하기 위한 국제환경을 조성하는데 주력하고 있었다.

그 중에서도 미국은 원자력의 평화적 이용에 주도적인 역할을 수행하고 있었다. 아이젠하워 미국 전 대통령은 1953년 12월 8일 유엔총회에서 원자력의 평화적 이용을 주창하였다. 이를 계기로 1954년 12월 유엔총회에서는 원자력의 평화적 이용을 위한 국제협력에 관한 결의(안)인 국제원자력기구 설치와 원자력의 평화적 이용을 위한 국제회의 개최가 통과되어 1956년 9월 유엔 산하기관으로 국제원자력기구(IAEA)[5]가 설립되었다. 원자력 에너지의 첫 번째 성과는 실용 원자력 발전소 건설이었다.

구소련은 1953년 원자력 발전소의 건설에 착수하여 이듬해에 그것을 완성하고 가동하기 시작했다. 또한 1956년에는 영국의 콜더 홀 원자력발전소가 세계 최초로 상업적으로 가동되기 시작했고, 뒤이어 1957년에는 미국의 쉬핑포트 원자력 발전소가 가동되는 등 원자력 에너지의 산업이 활발해지기 시작하였다.

우리나라는 1970년대에 두 차례의 석유 파동을 겪으면서 원자력 발전소 건립을 계획하게 되었다. 이렇게 해서 세워진 것이 고리 원자력 발전소 제1호기이다. 2009년 말 현재 우리나라에서 운영 중인 원자력 발전소는 총 20기이며 총 설비용량은 17,716MWe이다. 총 발전량(4,519억kW)대비 원전 점유율은 34.1%를 차지하고 있으며, 2015년까지 8기가 추가로 완공될 예정이다.

5. 불과 에너지 발전의 의미

우리 인류는 불을 자연에 대한 기본적인 발전력을 극대화하는데 사용하였다. 우선 제1의 불인 '자연적 불' 을 생산하고 다루는 과학기술을 습득한 인간은 여타의 동물들과 근본적으로 구별되게 되었다. 또한 제2의 불인 '전기의 발견' 은 인간으로 하여금 불을 에너지로 어디에서나 활용할 수 있는 것으로 전환하게 해주었다. 또한 매우 적지만 가장 불의 위대한 힘을 보여주는 원자력은 제3의 불이라 불릴 수 있는 현대적 의미의 에너지이다.

이러한 불과 에너지에 관한 과학기술에 대한 인간의 도전은 자연의 한계를 극복하고자 하는 인류의 역사였다. 그러면서도 언제나 미래의 에너지 자원에 대한 고갈의 두려움과 공포는 우리 인류로 하여금 자연적 한계에 대한 인간만의 거대한 도구를 마련하게 하는 중요한 동기가 되었다.

그래서 인류는 이러한 자연적 한계의 두려움을 극복할 수 있는, 보다 더 크고 강력한 에너지원을 찾고자 지금도 노력하고 있는지 모른다. 그렇지만 1945년 8월 6일 원자 폭탄의 투하가 우리 인류에게 교훈하듯이 인간의 자연에 대한 두려움과 조급함은 또 다른 공포심을 생산하고 말았다.

에너지의 발전은 인간의 공포에 대한 도전이었다. 인간의 내면에 있는 불안과 외적인 공포는 인간에게 있어 발전의 원동력이며 인간을 현실에 안주하지 못하게 하는 모티브이다. 그와 동시에 인간은 자연의 공포와 인간의 불안에서 인간이 다시금 인간임을 느끼게 하는 도전의 역사를 불과 에너지의 발전사는 잘 보여 주고 있다. 어쩌면 인류는 이러한 공포의 대상인 에너지를 계속적으로 발전시켜야 하는 운명을 지니고 있는지 모르겠다.

그리스 신화에서 시지프스는 집체만한 바위를 산꼭대기까지 굴려 올리는 형벌에 처해졌다. 그의 형벌은 산꼭대기에 바위를 올려놓으면 끝이 난다. 그러나 그가 바위를 산꼭대기까지 밀어 올려 가면 바위는 다시 굴러 원점으로 되돌아오는 것이다. 이것은 마치 인간에게 불을 주었다는 이유로 영원히 독수리에게 간을 쪼이면 간이 다시 자라는 형벌이 내려진 프로메테우스와 흡사하다. 시지프스의 신화에서 보여주는 행위는 영원히 그 반복적인 행동이며 절대로 벗어날 수 없는 윤회의 형벌이다.

일찍이 실존주의 문학의 아버지인 알베르 카뮈(A. Camus)는 인간의 삶을 시지프스의 형벌로 비유하였다. 인간에게 있어 불과 에너지의 역사는 어쩌면 이러한 시지프스의 운명처럼 더 많은 위험을 감내하더라도 계속적으로 발전해 나가야만 하는 실존적인 문제와 맞물려 있다고 하겠다.

제2장 주해

1) 고대 그리스의 철학자. 엘레아학파의 대표적인 철학자로 남이탈리아의 엘레아에서 태어났다. 그의 주장에 의하면 모든 진리의 바탕은 바로 이성인데, 이성에 의해서 생각할 수 없는 것은 존재하지 않는다고 하였다. 제논의 스승이며, 〈자연에 대하여〉라는 시를 지었으나 일부분만이 남아 있다.

2) 그리스의 철학자로 "만물은 유전한다"고 말했다. 우주에는 서로 상반하는 것의 다툼이 있고, 만물은 이와 같은 다툼에서 생겨난다는 것이었다. "싸움은 만물의 아버지요 만물의 왕"이며 그러한 다툼 중에서도 그 속에 숨겨진 '반발조화(反撥調和)'를 발견하였다.

3) 게오르그 에른스트 슈탈(Georg Ernst Stahl)은 독일의 의학자이자 화학자이다. 1707년 저서 《의학 진정설》을 발표하였고, 아니마(영혼)가 생명의 궁극적 근원이라는 '아니미스무스(Animismus)'를 주장하였다. 처음으로 연소를 '연소설'로 설명하였다.

4) 그리스어로 '불꽃'이라는 뜻을 지니고 있다.

5) IAEA는 International Atomic Energy Agency의 약칭. 원자력을 군사적인 목적으로 이용하는 것을 막고 평화적 목적의 이용을 장려하기 위해 1957년 7월 29일에 설립된 준독립기구이다. 본부는 오스트리아 비엔나에 위치하고 있다.

제3장 과학기술과의 만남 2 : 공간 이동

1. 공간이동의 꿈

| 밀납 날개가 녹으면서 추락하는 이카루스(쿠르트 베너 作)

먼 거리를 짧은 시간에 움직이고 공간을 이동하겠다는 것은 인간의 오래된 꿈이었다. 누구나 한번쯤은 하늘을 나는 것을 동경하였을 것이며, 공간이동의 자유로움에 대한 상상의 나래를 펼쳤을 것이다.

사람이 하늘을 날았다는 것에

대한 그리스 신화가 있는데, 다이달로스와 이카루스 부자(父子)에 관한 이야기가 그것이다.

테세우스가 아리아드네의 실을 가지고 탈출한 미궁은 다이달로스라는 아주 솜씨 좋은 명장(名匠)에 의해 만들어진 것이었다. 아테네의 왕가 출신인 다이달로스는 아주 천재적인 재능가로서, 여신 아테네의 도움으로 유명한 명공(名工)이 되었다. 하지만 그의 조카가 나무를 자르는 톱을 발명하여 그 명성이 높아지자 이를 질투한 나머지 높은 신전위에서 조카를 밀어 떨어뜨려 죽이는 사건을 일으킨다.

이 죄로 다이달로스는 아들 이카루스와 함께 크레타 섬으로 쫓겨났다. 그는 미노스 왕 밑에서 일을 하게 되었는데, 왕비의 유혹에 말려들어 왕의 노여움을 받아 아들과 함께 자신이 만든 한번 들어가면 빠져나오기 힘든 미로감옥에 갇히게 되었다. 감옥에 갇힌 부자는 여러 가지 궁리 끝에 새털을 모아 큰 날개를 만들어 몸에 달고 날아서 탈출하기로 결심하였다. 결국 이들은 날개를 달고 하늘을 날아 탈출을 시도하였는데 아들 이카루스는 하늘을 나는 것이 얼마나 좋았던지 "밀랍이 녹으면 안 되니 태양 가까이 높이 떠올라 가면 안 된다."는 아버지의 말을 무시하고 그만 높이 떠올라 태양열에 의하여 밀랍이 녹아 바다에 떨어져 죽고 말았다. 하지만 아버지 다이달로스는 낮게 날아서 무사히 미로의 섬을 탈출하는데 성공하였다고 한다.

이러한 신화에서도 알 수 있듯이 공간 이동에 대한 꿈, 특히 하늘을 날고 싶다는 욕망은 모든 것이 부족한 인간에게는 언제나 동경의 대상이었다. 이러한 공간 이동의 꿈은 인간이 바퀴를 발명하고 그것의 발전과 더불어 그 맥락을 같이 한다고 할 수 있다.

인류 역사에서 바퀴의 발명과 실생활 도입은 이동과 운송의 혁명을 뜻한다. 바퀴는 최소한 서기전 3500년 전에 존재했던 것으로 추정된다. 수메르의 그림문자에 바퀴가 달린 썰매가 그려져 있으며, 메소포타미아의 유적에서도 전차(戰車)용으로 추정되는 바퀴가 출토되기도 했다.

서기전 2500년 경, 수메르의 도시국가 우르의 왕릉에서는 두 개와 네 개의 바퀴를 가진 수레가 발굴되기도 했다. 그러나 이때까지의 바퀴는 바퀴살이 없는 바퀴였다. 그러다 서기전 2000년경에 이르러서 메소포타미아와 페르시아 히타이트 등지에서 바퀴살이 있는 바퀴가 등장했다.

비로소 인간은 통나무 원판에서 바퀴살을 사용하게 되었고, 이로 인해 바퀴의 속도와 기동성은 더욱 높아졌다. 통나무 바퀴에서 바퀴살로 된 바퀴의 전환으로 인하여 인간은 이전보다 더욱 견고한 이동 수단을 얻게 되었다. 이 과정은 시간적으로는 1500년 정도 걸린 과학기술의 승리라고 할 수 있다. 살을 가진 바퀴는 서기전 1600년 경 이집트에 전파됐고, 이후 크레타 미케네 등 유럽으로도 확산됐다.

또한 서기전 1세기경 이집트에서 헤론은 수증기의 힘을 이용한 증기 바람개비를 만들었다고 전해지고 있으며, 그 무렵 그리스의 호메로스가 쓴 서사시『일리아스』에는 '벌칸의 삼

우르의 유적지에서 발견된 수메르 최대 예술 목조품 혹은 그 중 하나로서 우르의 스탠더드(Standard)라 불린다. 폭 46cm 정도의 화판으로서 조개껍질과 청금석(靑金石)을 상감(象嵌)하여 사회의 온갖 계급의 사람들을 그린 큰 두루마리 그림이다. 이 사진은 우르의 스탠더드의 한 면인데. 전투 중인 병사와 왕(상단 중앙)에게 연행되는 포로들이 그려져 있다. (런던 대영박물관 소장)

륜차(Vucan' s tricycle)' 라는 낱말이 나온다. 이것은 당시의 학자 로저 벌칸이 만든 삼륜차로 수증기에 의해 움직였다는 사실을 기록한 것으로 전해진다.

고대 이집트에서는 이러한 바퀴를 이동의 수단으로 사용하였다. 고대 이집트가 자랑하는 피라미드는 이동의 수단이 없이는 건축이 불가능하였다. 사람의 손으로 만들어진 세계 최대의 건조물인 피라미드는 고대 이집트 왕국의 전성기인 서기전 2700년 경 만들어 졌다.

현재 이집트 전체에서 94개의 피라미드가 발견되었는데 그 중 가장 대표적인 것은 기자 지역의 피라미드로서 세계 7대 불가사의의 하나가 바로 쿠프왕의 피라미드이다. 쿠프왕의 피라미드는 235만여 개에서 268만여 개 정도의 각 2.5t 내지는 10t의 화강암들로 구성되었다.

석회암은 모깔담과 기자 남동쪽 15km 지점의 엘뚜르 등에서 캐내어 이용하였다. 화강암의 경우는 카이로 남쪽 850km 떨어진 아스완에서 나일강을 통하여 운반해 온 것이다. 이러한 화강암을 운반하는 수단으로는 잘 건조된 배와 육로에서는 바퀴의 덕을 보았다. 피라미드의

쿠프왕의 피라미드

이집트 홍해에서 4000년 전에 건조한 항해선 유물. 고대 이집트인들의 해상운송 능력을 보여주는 증거이다.

돌을 쌓은 단층의 수는 원래 210계단이었는데 현재 남아있는 것은 203계단이다.

하루 10만 여명이 1년에 3, 4개월씩 20여년(총 2천여일) 동안, 연인원 2~3억 명이 동원된 대규모 공사로서 용도는 왕의 무덤으로 추정된다고 한다. 피라미드의 밑변의 길이는 230.3m이고 겉 표면에 있었던 돌의 17만여 개는 아랍과 터키 점령 하에서 건축자재로 재활용 된 것으로 본다.

고대의 저명한 역사가인 헤로도토스(Herodotos)의 기록에 따르면 50년간 통치한 쿠프왕은 모든 신전을 폐쇄하고 제사를 금지시키고 자기만을 숭배토록 했다. 피라미드를 건축하기 위하여 돌을 옮길 둑길을 만드는데도 10년이 소모되었는데, 전체길이가 1km, 폭이 18m, 가장 높은 곳의 높이가 14.4m 나 된다. 이 길에 여러 가지 동물의 모습을 새겨 장식하였고, 다듬은 돌로 축조하였다는데 돌 길이는 90cm 이하가 없었다고 한다.

피라미드에는 이 일에 동원된 일꾼들이 먹어치운 무, 양파, 마늘의 양이 상형문자로 기록되어 있는데, 그 양을 돈으로 환산하면 은1,600 달란트에 해당된다고 한다. 이것이 정확한 추정의 기록이라면 공사용 철제품과 노무자들의 주식 및 부식, 그리고 옷가지 등을 지급하는데 따른 비용은 도대체 얼마나 되었을까는 상상에 맡기기로 한다.

이렇듯 인간에게 있어서 공간 이동의 실현은 거대한 건축을 축조하는 과학기술적 원동력일 뿐만 아니라 인류문화의 시작이 되었다. 그 이후 인간의 이동 수단으로의 바퀴의 사용은 초기 자동차의 등장을 알리고 있다.

기록에 의하면 레오나르도 다빈치(Leonardo da Vinci)에 의해 제조된 태엽차가 15세기에 등장하였다. 그는 어느 날 벽시계에 태엽을 감아주다가 실수로 태엽을 감는 열쇠가 튕겨져 나와서 이마를 다치게 되었는데, 이때 그는 태엽이 풀리는 힘을 이용해 태엽차를 만들었다고 한다. 하지만 이 태엽차는 영구의 엔진을 가지지 못하고 단지 직진만 한다는 단점을 지닌다.

그 후 16세기에 폴란드의 수학자 시몬 스테빈(S. Stevin)은 바람을 이용한 풍력차를 고안한다. 이 풍력차는 직경이 1.5미터나 되는 큰 나무바퀴가 4개 달린 돛단 수레를 만들어 28명을 태우고 바닷가에서 14km/h로 68km나 달렸다. 결국 바람을 방향으로만 이동하게 되었는데 이것 역시 강한 동력원의 부재로 자연적 바람에 의존한다는 단점을 지녔다.

| 시몬 스테빈의 풍력자동차

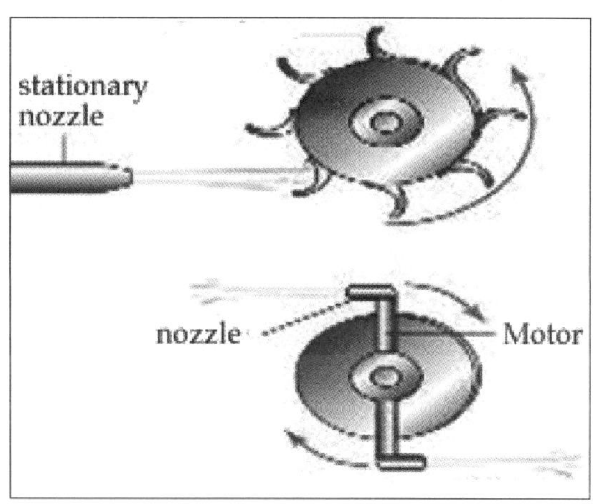

| 죠반니의 증기터빈 원리

그러다 이탈리아의 죠반니 브랑카(G. Branca)에 의해 터빈 원리가 발견되었다. 브랑카는 보일러에서 노즐을 통해 분출되는 증기를 이용 바퀴의 구멍 뚫린 틀을 붙인 바퀴를 돌리는 작동에 대한 메커니즘을 발견하게 되었다. 이것이 바로 흉동터빈이라 불리었던 증기터빈이다. 이 증기터빈은 후에 증기자동차의 엔진인 증기기관의 모태가 되었다.

증기력을 이용한 자동차의 고안은 포르투갈의 선교자이며 천문학자인 프래들린 벨피스트(P. Verbies) 신부에 의해 이루어졌다. 그는 네 개의 바퀴를 가진 총길이 60cm의 증기차와 같은 이상한 고안품을 만들어 내었다. 벨피스트의 증기차(stream cart)는 고정된 다섯

| 토머스 세이버리(T. Savery, 1650~1715)

번째의 뒷바퀴에 의해 방향타를 잡고 빙글빙글 돌았으며, 이 에어-리필러에 한번 급수 한 것으로 약 한 시간을 달렸다. 벨피스트 신부의 증기차 실험이 이루어진 정확한 날짜는 알 수는 없지만 이것이 1665년에서 1680년 사이에 이루어 졌다는 것은 틀림없는 사실이다. 실제로 이러한 증기의 힘을 이용하여 일에 응용된 것은 광산에서 물을 퍼 올리기 위한 작업이었다.

특히 증기의 힘을 실용적인 목적으로 사용하려는 시도는 17세기 말에 와서야 가능하였는데 1698년에 영국의 토머스 세이버리(T. Savery)는 증기를 응축시켜서 얻은 흡입력으로 광산의 물을 뽑아 올리는 수동 밸브 펌프를 만들어 최초로 특허를 받았다. 이러한 증기력의 발전은 결국 영국의 산업혁명을 계기로 새로운 국면을 맞이하게 된다.

2. 증기기관의 발명과 산업혁명

18세기 중엽 유럽은 의학이 발달하여 질병이 감소하고, 사람들의 영양상태가 좋아지면서 면역력이 좋아지고 여성의 출산율이 높아져 인구가 증가하였다. 특히 도시 인구의 증가가 두드러졌는데 이는 농촌 지역에서 일어난 인클로저 운동 때문이다. 인클로저 운동은 목양을 기르는 목장을 만들기 위해 그리고 농업 개량을 목적으로 경작지나 공유지에 울타리를 치는 운동을 말한다.

제1차 인클로저 운동은 15세기 말경부터 시작되어 16세기에 크게 전개되었는데, 그것은 주로 양을 기르기 위한 목장을 만드는 것이 그 목적이었다. 이로 말미암아 많은 빈농이 경작지를 상실하여 농촌을 떠나 도시로 향하게 되었다. 따라서 자연스레 농업보다는 상업으로 그 중심이 옮겨지게 되었다.

그 당시에 발생한 제2의 물결인 산업혁명은 아마도 시대의 필연적인 과정이었던 듯하다. 그리고 산업혁명이 인류역사의 행로를 바꿔 놓은 사건중의 하나임은 틀림없는 사실이다. 산업혁명의 특징은 기계의 가능성과 인간의 물리적 능력을 확대시킬 수 있는 가능성에 대한 여러 아이디어들의 혼합체라고 할 수 있다. 이러한 산업혁명의 첫 번째 불꽃은 영국에서 직물산업이 점차로 기계화되면서 부터이다.

그 당시의 뛰어난 발명가인 리처드 아크라이트 경(Sir R. Arkwright)과 제임스 할그레이브스(J. Hargreves)가 고안한 방적기 덕분에 이전까지는 가내에서 이루어지던 작업들이 더 크고 훨씬 더 효율적인 공장으로 옮겨갔다. 산업혁명의 여명기에 새로운 기계들과 아이디어는 많았지만 다른 기계들에 동력을 공급해줄 한 가지 기계가 없었다면 대부분이 무용지물이었다. 그 기계가 바로 증기기관이었다. 증기기관의 세련화는 광산의 물을 끌어올리는 세이버리의 노력에도 불구하고 보다

토머스 뉴커맨의 증기기관

강한 펌프를 구동하는 강력한 동력이 요구에 부응하면서 이루어졌다.

1712년에 다트마우스의 철물상 토머스 뉴커맨(T. Newcomen)은 실린더 내에 증기를 도입하여 피스톤을 상승시키고 증기가 냉각하면 실린더 내의 압력이 저하되어 피스톤을 대기압으로 내리누르는 대기압 증기기관을 만들었다. 뉴커맨은 저압보일러에 직접 연결되어있는 실린더 안에서 피스톤이 응축된 증기에 의해 감압되는 것을 이용하였다. 이것은 대기압에 대한 과학이 기술적으로 적용된 최초의 것으로 보다 안전하였다.

그렇지만 최초의 실용성 있는 증기기관, 다시 말해 스스로 움직이는 것만이 아니라 실제로 다른 기계를 움직일 수 있는 증기기관은 스코틀랜드의 발명가 제임스 와트(J. Watt)가 고안해 내었다.

1765년 그는 뉴커맨이 발명한 증기기관을 개량하는 과정에서 분리 응축기를 도입하여 연료의 소비량을 뉴커맨 증기기관의 1/4 정도로 줄이는 중요한 기술적 진전을 이루어내었다. 또한 와트는 이전까지 왕복운동만 가능하던 증기기관이 회전운동도 할 수 있도록 개량함으로써 증기기관이 물 펌프 용도만이 아니라 공장에서 기계를 돌리는 동력으로도 사용될 수 있도록 만들었다. 그의 첫 번째 증기기관은 1769년에 완성되었다.

곧이어 와트의 발명은 선반과 방적기 같은 공장 설비를 자동화하는 데 이용되었으며, 이것이 바로 산업혁명의 서곡을 알리는 시발점이 된 것이다. 이에 따라 공장들은 수력을 동력으로 이용하기 위해 강가에 자리할 필요가 없게 되었고, 운송 채널이 다양하고 노동력이 풍부한 도시 근처에 자리를 잡을 수 있게 되었다. 와트의 노력에 의한 증기기관의 발명은 18세기 말에서 19세기 초까지 영국의 산업혁명에 지대한 영향을 미쳤다.

이러한 와트의 성공에 감명을 받은 니콜라스 조셉 퀴뇨(N. J. Cugnot)는 무거운 대포를 사람의 힘이나 말의 힘이 아닌 다른 것으로 대체 운반할 것을 연구하였다. 연구 끝에 그는 포차를 견인할 목적으로 증기기관을 동력으로 한 세계 최초의 3륜 증기차를 만들게 된다. 그가 만든 증기차의 속도는 시속 5km였고 대형 소형으로 각각 제작되었다. 당시 육군사령관이었던 스와솔 공작은 참모들에게 이 증기차를 시험토록 지시했는데, 무거운 보일러와 2개의 실린더가 앞바퀴에 의존해 구동되었기 때문에 조향이 매우 어려웠다.

더욱이 보일러도 15분마다 물을 보충해야 했으며, 브레이크 장치도 갖추지 않아 결국 파리 교외의 언덕길에서 세우지 못하고 벽과 부딪쳐 화재가 나며 소멸되고 만다. 역사적으로 보면 증기차의 제일 첫 번째로 기록된 교통사고였다. 이러한 퀴뇨의 연구는 이후 프랑스 혁명에 의해 중지 되었으나, 전륜구동 자동차 연구의 효시로 자리 잡은 셈이다.

증기기관의 발전뿐만 아니라 '철길의 기원' 역시 탄광산업에서 석탄을 실어 옮기는 길에서부터 유래되었다. 철길의 폭은 옮겨진 석탄을 말이 끄는 수레에 실어 나르기 위해 그 말의 넓이에 맞추어졌다고 한다. 철길 선로를 한국과 일본에서는 철도, 중국에서는 철로(鐵路),

| 니콜라스 조셉 퀴뇨의 3륜 증기차

영국에서는 레일웨이(railway), 독일에서는 아이젠반(Eisenbahn), 프랑스에서는 슈맹 드 페르(chemin de fer) 등으로 불리는데 이것 모두 그 어원인 '철의 길'이라는 뜻에서 유래한 것이다. 이러한 철길은 철도 이전부터 광산지대 등에서 비교적 간단한 구조로 사용되어 왔으나, 그것은 다만 제한된 지역 내에서 운반을 효율적으로 하기 위함이었고, 단순한 운반설비에 지나지 않았다.

하지만 1804년 리차드 트레비틱(R. Trevithick)은 시속 4마일의 증기승용기관차를 제작하였으며, 그로부터 10년 뒤인 1814년에 조지 스티븐슨(G. Stevenson)은 증기기관차를 상업화하는데 성공하였다. 이로 인하여 진정한 철도가 시작되었다고 할 수 있으며, 19세기 대륙을 연결하는 기차의 시대가 활짝 열린 셈이다.

그 후 1830년을 넘어서자 연기를 뿜어대며 영국 거리를 누비는 영업용 증기버스들이 많

| 세계 최초의 자동차 법 '붉은 깃발법'

이 나타났다. 이로 인해 교통 혼잡이 발생하였고, 이러한 교통현상으로 인해 영국 의회는 1865년 빅토리아 여왕의 서명으로 붉은 깃발법(Red Flag Act)이라는 세계 최초의 자동차 교통법을 발표하게 된다. 다음은 '붉은 깃발법' 으로 명명된 세계 최초의 자동차 법규의 내용이다.

첫째, 1대의 자동차에 3인의 운전수를 태운다. 그중 한명은 낮에는 붉은 깃발, 밤에는 붉은 등을 가지고 55m 앞을 달리면서 자동차가 온다는 것을 알려야 한다.

둘째, 최고속도를 6.4km/h 이하로 하고, 시가지에서는 3.2km/h로 한다.

셋째, 2톤 단위로 세금을 물고, 시 경계나 주 경계를 넘을 때는 도로세금을 내도록 한다.

넷째, 밤에는 촛불이나 가스 불을 달고 운행해야 한다.

'붉은 깃발법' 은 지금의 시각으로 보면 매우 우스꽝스러운 교통법규였지만 그 당시만 하더라도 획기적인 교통법이라 할 수 있겠다. 그 후 육로를 통한 공간이동의 발전은 자동차를 움직이는 동력엔진의 발전과 그 맥을 같이하게 되었다.

1860년 벨기에의 에치엔느 르노와르(J. J. Lenoir)는 이미 2행정 엔진을 제작하였다. 그가 만든 2행정 엔진의 원리는 석탄 가스와 공기의 혼합 기체가 수평 실린더의 양끝에서 교대로 공급되어 배터리의 전기 불꽃이 그 연료를 점화한 뒤, 그 결과로 발생하는 폭발로 피스톤을 좌우로 움직여 스파크가 붙은 큰 플라이휠을 수직으로 회전시키는 것이었다. 흡입에서 폭발과정만 있는 이 엔진은 18리터에 2마력의 출력을 내었다.

그로부터 6년 뒤인 1866년, 독일의 니콜라스 어거스트 오토(N. A. Otto)는 피스톤 엔진에 대한 특허를 얻었고 1876년에는 흡입, 압축, 폭발, 배기로 이루어진 4행정 사이클 내연기관을 완성하였다. 그는 4행정 내연기관을 완성하기 전에 엔지니어인 에우겐 랑겐(E. Langen)과 함께 독일가스 엔진공장을 세우고 피스톤 엔진을 생산하기 시작한다.

이때 당시 공장의 매니저로 일하던 이가 바로 현대 가솔린 자동차의 아버지라 불리는 고트리브 다임러(G. Daimler)였다. 1885년 오토내연기관연구소의 연구원이었던 다임러는 가솔린을 연료로 하는 가볍고 강력한 기관을 완성하고, 이것을 목제의 2륜 자동차에 탑재함으로서 사상 최초의 2륜 자동차를 제작하는 특허를 얻어 내었다.

같은 해 독일의 칼 벤츠(K. Benz)는 가솔린 3륜 자동차를 발명하고 만하임에서 시운전을 하였으며, 그 다음해인 1886년 특허를 획득하였다. 이 차는 무게 250kg의 자전거타입 삼륜차로 200rpm에서 0.85 마력의 힘을 내는 1기통 4엔진을 장착하고 최고 시속 16km를 냈다.

벤츠는 다임러와 거의 동시에 가솔린 자동차를 발명하였으나, 가솔린 엔진 제작에 있어 다임러 보다 앞선 1879년에 이미 제작한 바 있기 때문에 칼 벤츠의 자동차를 최초의 가솔린 자동차로 보는 견해들이 지배적이다. 또한 1886년 다임러도 1기통 배기량 250cc, 0.8마력을 가진 가솔린 엔진을 마차에 장착한 4륜 자동차를 발명하였다. 이것은 아내 엠마의 43번째 생일인 4월 26일에 이를 선물로 제작된 것인데 앞쪽에는 핸들이 달린 차축을 뒤쪽에는 엔진과 벨트로 연결된 구동축을, 그리고 의자 밑에는 작은 자동차 엔진을 장착했다. 이 자동차의 최고속도는 시속 16km이었다고 한다.

| 고트리브 다임러(G. Daimler, 1834~1900)

그 후 1902년 폴란드에서 마차를 만들던 스파이커 형제에 의해 세계 최초의 4륜구동 자동차가 만들어졌다. 그 당시 독일과 프랑스를 중심으로 산을 오르는 산악

자동차 경주가 유행하고 있었는데, 스파이커 형제는 높은 산을 빠르게 오르기 위해서는 두 바퀴 굴림 방식의 차로는 한계가 있다는 것을 깨닫게 되었다. 1년간의 연구 끝에 벨기에의 기술과 벤츠의 노하우가 가미된 4륜구동의 6기통 800cc 65마력의 자동차를 발명한 스파이커 형제는 1903년 프랑스에서 개최되었던 경주에 출전해 우승을 했다. 이러한 발달과정을 밟아온 자동차는 현대에 들어서 이미 5억대 이상의 자동차가 인간의 육로를 통한 공간이동의 중심을 차지하고 있다. 그렇다면 이제 인간의 공간이동에 대한 도전의 꽃이라 할 수 있는 비행의 역사에 대해 살펴보도록 하자.

고트리브 다임러가 만든 최초의 4륜 자동차

3. 비행에 대한 인간의 도전사 1

최초의 비행에 대한 인간의 꿈은 상상의 나래 속에 있었다. 중국 고전 사서에는 전설의 지배자인 고대 중국의 천자 순(舜)이 등장한다. 중국 고전에는 순이 아직 소년이었을 때 황녀로부터 비행기술을 배워 새의 날개를 몸에 달고서 산 속에 있는 감옥에서 날아 탈출했다고 적고 있다. 마치 그리스 신화의 이카루스처럼 말이다. 그리고 은으로 만든 날개를 지닌 고대

| 그리스 신화에서의 니케는 정복과 승리의 여신이다.

이집트의 왕 파라오의 조상인 호루스신(태양신)이나 아름다운 몸매에 큰 날개를 지닌 고대 그리스 신화의 니케(승리의 여신)나 신마 페가수스(Pegasus), 로마신화의 머큐리(Mercury) 등에서 볼 수 있듯이 고대 사람들이 상상하는 신이나 천사들은 날개를 지니고서 하늘을 날아 다녔다.

또한 인도의 대서사시인 『마하바라타』에는 사방이 쇠로 되고 깃털을 가진 하늘의 전차에 대한 기록이 있다. 또 다른 고전인 『라마야나』에는 '바람의 속도로 나는 장치' 에 대한 설명이 적혀 있다고 한다. 이렇듯 고대 사람들은 날지 못하는 인간의 한계를 날개의 소유 여부에 두었다.

따라서 신성을 가진 것은 날개를 지녔다고 믿었다. 나중에는 악마에게까지 날개를 지니고 있다고 믿었으며 중세에는 마녀들이 하늘을 날아다닌다는 등의 이야기를 남겼다.

하지만 중세에 들어서면서 전설이나 신화적인 비행에서 벗어나 상당히 과학적인 이론에 기초를 둔 인간의 상상비행(Fiction Flight)이 성행하였다. 따라서 많은 사람들이 여러 가지 비행 장치를 구상하고 비행에 도전했다. 지금도 그 당시의 그림, 판화, 조각, 소설 등에서 인간비행의 흔적을 찾아 볼 수 있다.

그 대표적인 예, 이를테면 대예언자인 노스트라다무스(M. Nostramus)는 미래의 항공 과학기술에 관한 예측을 시도하였다. 여기에는 많은 철학자들의 상상력도 동원되었다. 중세의 로저 베이컨(R. Bacon)은 하늘을 나는 기구를 구상하였으며, 사회계약설을 주장한 프랑스의 반문명주의자인 장 자크 루소(J. J. Rousseau)도 자신만의 비행이론을 제시하였다.

15세기에 이르러 예술적인 구상이 풍부한 사람들은 새가 나는 비행의 원리를 연구하여 인간도 하늘을 날 수 있다고 생각하고 그것에 대한 과학적인 시도에 몰두하였다. 그 가운데 가장 대표적인 사람은 다름 아닌 이탈리아의 대예술가인 레오나르도 다빈치였다.

그는 1985년에 어떤 물체라도 공기를 잘 이용하면 공기가 물체에 주는 것과 같은 크기의

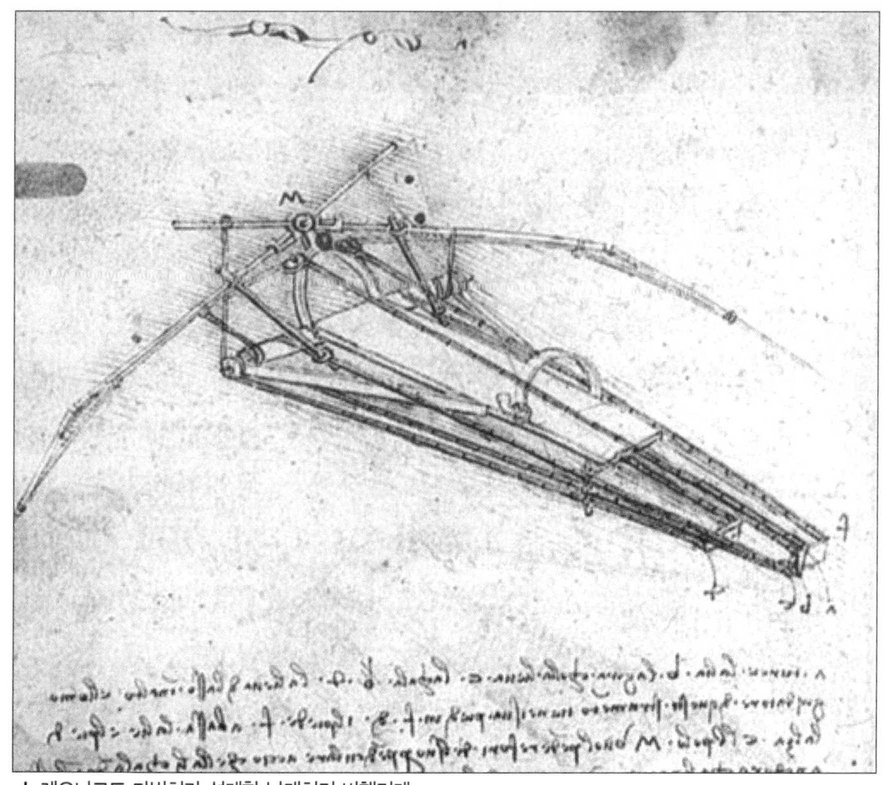

| 레오나르도 다빈치가 설계한 날개치기 비행기계

| 몽골피에 형제의 초상화와 동상

힘을 얻을 수 있으며, 바람을 향하여 움직이는 날개의 덕택으로 독수리도 높은 하늘을 날 수 있듯이 인간도 인공의 큰 날개를 이용하여 공기의 저항을 훨씬 상회하는 힘을 만들어 내면 하늘을 비행할 수 있다고 하였다.

그래서 그는 우선 새가 나는 방법을 흉내 내어 움직이는 잠자리 모양의 날개를 몸에 달고 새처럼 날개를 흔들어서 나는 날개치기 비행기계를 고안하였다. 새의 날개부분을 수차례 해부하고 관찰한 후에 오니쌉터(ornithopter)를 고안해 냈던 것이다. 하지만 안타깝게도 그의 오니쌉터는 이론과 실제의 차이 때문에 도구화되지는 못하였다.

그러나 레오나르도 다빈치의 이러한 노력은 결국 인간이 하늘을 날아 공간을 이동하는 꿈을 실현하는 결정적인 모티브가 되었다. 레오나르도 다빈치 이후에 등장한 항공 비행을 위한 과학기술의 발전은 공기를 이용한 기구들의 발전으로 이어졌다.

앞에서 언급한 13세기 초의 영국의 로저 베이컨은 뜨거운 공기나 수소와 같이 공기보다 가벼운 기체를 이용한 기구에 관한 이론을 처음으로 제안한 사람이었다. 하지만 이러한 기구의 실질적인 실험과 시도는 너무나 뒤늦은 17세기에 이르러서야 실행되었다.

1670년에 이르러 공기의 부력을 이용하여 물위를 떠가는 배처럼 하늘을 떠다니는 하늘위의 배, 다시 말해 비행선을 구상한 사람은 이탈리아의 프란체스코 라나(F. Lana)였다. 그는 기구 속을 진공으로 한 4개의 구리로 만든 공으로 공중으로 떠올라가서 돛대로 전진할 수 있다는 생각을 하였다. 그의 이러한 아이디어는 공기보다 가벼운 비행장치인 기구나 비행선을 개발하는데 있어서 기초적 지식이 되었다.

몽골피에 형제의 실험. 이로 인해 하늘의 시대가 열렸다.

그렇지만 인류최초의 진정한 의미의 유인비행은 프랑스 리옹 근처에 있는 작은 시골 마을 아노네에서 제지업을 하고 있던 조셉 미셸 몽골피에(J. M. Montgolfier)와 동생 조셉 에띠엔느 몽골피에(J. E. Montgolfier) 형제에 의해 수행되었다.

1783년 11월 27일 그들은 상상 비행의 오랜 방황에서부터 벗어나 그토록 염원했던 인류 최초의 유인비행에 성공을 거두었다. 늘 공중비행에 관심을 두고 있던 몽골피에 형제들은 구름을 주머니 속에 넣으려는 생각으로 수증기나 수소가스를 만들어 주머니에 넣어 보기도 했다. 하지만 그런 모든 수고는 실패로 돌아갔다.

그러나 그들은 더운 공기는 일반 공기보다 가벼워 상승한다는 원리를 적용, 실크를 소재로 한 체적 1m³의 원형의 기구를 제작하여 그 내부에 나무와 젖은 밀짚을 태워 발생한 뜨거운 공기를 채워 지상으로부터 30m 이상을 상승시키는데 성공을 하였다. 이것이 최초 열기구의 탄생이었다.

이후 몽골피에 형제는 조금씩 더 큰 기구들을 제작하였고, 사람의 무게를 실을 수 있을 만큼 큰 체적의 기구도 성공적으로 제작하게 되었다. 그 후 그들의 계속된 노력의 결과 직경 11m, 부피 680m3의 거대한 기구를 2천m 높이까지 올라간 30분 뒤에 2km 떨어진 곳에 무사히 내려왔다. 아노네의 주민들은 인류의 역사를 바꾼 위대한 발명가가 태어난 것을 자랑스럽게 생각한 나머지 최초의 유인비행 100주년이 되는 1883년에 그들의 동상을 세웠다.

| 자크 샤를(J. Charles, 1746~1823)

1766년에 영국의 과학자인 앙리 캐벤디시(H. Cavendish)는 수소가 공기의 14분의 1정도로 가볍다는 것을 발견하였다. 이후 프랑스 과학원은 1783년 8월 샤를(J. Charles)에게 수소를 이용한 기구를 만들어줄 것을 요청하였다. 보일-샤를의 법칙으로 유명세를 타고 있던 그는 자신의 연구 분야인 수소가스를 이용한 기구인 샤를엘호(Charliere hydrongen balloon)를 만들었다.

| 뒤몽의 비행선이 에펠탑을 지나고 있다.

그렇지만 스스로의 힘으로 움직이지 못하고 그저 바람에 따라 떠돌아다닐 수밖에 없는 기구로는 항공 비행에 대한 인류의 꿈이 이루어진 것이라 할 수 없다. 그리하여 연구가들은 스스로 움직일 수 있는 추진력을 갖추고 조종이 가능한 새로운 비행 장치를 만들기 위해 부단한 노력을 기울였고, 그로부터 70년이 지난 뒤에 탄생한 것이 바로 비행선(Airship)이었다. 프랑

스의 앙리 지파르(H. Giffard)가 처음으로 만든 연식 비행선에 이어 개발된 독일의 체펠린(G. F. V. Zeppelin)이 만든 경식 비행선이 하늘의 왕좌로 떠올랐다. 또한 가솔린 엔진을 사용하여 실용적인 비행선을 개발한 것은 파리에 살던 브라질 사람인 알베르트 산토스 뒤몽(A. S. Dumont)이었다.

오토 릴리엔탈(O, Lilienthal, 1848~1896)

그는 1889년부터 1909년까지 모두 14척의 비행선을 만들었다. 그 가운데 1889년 9월 20일 최초의 비행에 성공한 뒤몽의 비행선 1호 길이 25m의 황색 유선형의 비행선은 고도 400m로 파리 하늘을 비행하여 파리 시민들의 갈채를 받았다.

항공의 아버지 케일리 경(Sir G. Caylye)은 항공 역사상 최초로 움직이지 않는 날개를 가진 비행기계의 과학적인 기초를 확립하는데 혁혁한 공헌을 하였다. 그리고 그러한 케일리 경의 영향을 받은 독일의 오토 릴리엔탈(Otto Lilienthal)은 1891년 홑 날개 글라이더를, 1895년 겹 날개 글라이더를 비롯하여 모두 18가지의 글라이더를 일생에 거쳐 개발하였으며 2,000회 이상의 비행실험에 성공하였다. 사실 그는 1869년 21살 때부터 고정날개 글라이더를 스스로 만들어 수없는 실험비행을 실시한 노하우를 지니고 있었지만, 아쉽게도 1896년 8월 9일 실험비행 중 실수로 추락하여 유명을 달리하였다. 그의 이야기는 최초의 유인비행의 꿈을 이룬 라이트 형제에게 많은 영향을 주었다.

4. 비행에 대한 인간의 도전사 2

| 라이트 형제

많은 비행실험과 시행착오를 거듭했으나 하늘을 새처럼 자유롭게 날지 못했던 인류는 윌버 라이트와 오빌 라이트(W. Wright & O. Wright) 형제의 공기보가 무거운 비행기계인 동력 비행기의 발명으로 인해 드디어 하늘을 정복하기에 이른다.

1892년 이미 라이트 자전거 회사를 설립했었던 라이트 형제는 어려서부터 물건 만드는 일에 남달리 손재주가 있었다고 한다. 형제는 자전거 제작에 두각을 나타내었고 사업은 잘 되었다. 그러다가 1896년 항공의 제왕 오토 릴리엔탈의 사망 기사를 본 라이트 형제는 비행기에 관해 관심을 갖게 된다.

라이트 형제는 1899년 스미소니언 협회에 도움을 요청하여 비행에 관한 자료들을 얻어 비행 연구에 몰두하기 시작하였다. 그 해 7월 라이트 형제는 날개가 휜 2층짜리 연을 만들어 비행 실험에 성공하였다. 하늘을 날고 싶었던 라이트 형제는 1900년 여름부터 글라이더를 만들기 시작하였다. 사실 역사적으로 라이트 형제보다 먼저 공기보다 무거운 동력 비행기를 만들어 실험비행을 시도한 이가 있었다. 그는 미국의 스미소니언 협회의 회장이었던 새뮤얼 랭글리(S. P. Langley)이다. 랭글리는 1896년에 증기엔진을 장착한 폭 4m, 길이 5m 크기의 모형비행기를 만들었고 시속 40km 속도로 800m가 넘는 거리를 비행하는 데 성공했다. 그리하여 그는 자신의 모형비행기를 기초로 에어로드롬 A호(Aerodrome A)를 만들었다.

그러나 1903년 10월 7일, 대중과 보도진이 주시하는 가운데 버지니아주 와이드워터의 포토맥 강에 정박한 배 지붕에 설치된 캐터필트(발사대)를 이용하여 그의 조수인 마리가 에어로드롬의 실험비행을 시도하였지만 이륙조차 해보지 못한 채 비행기는 강에 추락하였다.

이렇게 랭글리의 동력비행이 실패로 끝난 9일 뒤인 1903년 12월 17일, 라이트 형제는 마침내 항공사상 최초의 동력비행에 성공하였다. 오전 10시 35분, 찬바람이 부는 키티호크의 킬데빌(Kill Devil) 모래 언덕에서 오빌 라이트가 조종한 플라이어 1호(Flyer I)가 이륙하여 3m의 고도로 12초 동안에 36m를 비행하는데 성공한 것이다. 이것은 인간을 태운 공기보다 무거운 비행기계로서 스스로의 힘으로 이륙하여 동일한 속도로 평행 비행을 한 다음에 이륙한 지점과 동일한 고도의 지점에 착륙한 역사상 최초의 비행이었다고 평가받는다.

그 후 1908년, 라이트 형제는 35마력의 엔진을 장착한 복엽기 라이트A형으로 유럽의 관

| 1909년 라이트 형제의 비행기

| 찰스 린드버그(C. Lindbergh, 1902~1974)

중들이 보는 가운데 이륙하여 경기장을 두 바퀴 비행한 뒤 무사히 안착했다. 비록 실제 비행시간은 1분 45초였지만 관중들에게는 매우 긴 시간이었다. 1909년에는 비행시간 2시간 20분에 124.7km의 장거리 비행기록과 시속 54.8m의 속도기록, 그리고 고도 300m의 고도기록을 세웠다. 이어 1910년에는 엔진을 40마력으로 늘이고 2,960m의 고도기록을 세웠으며, 이로써 라이트 형제는 세계적으로 유명한 인사가 되었다.

1909년 11월 라이트 비행기회사를 설립한 그들은 그러나 사업이 자신들에게 잘 맞지 않았던지 많은 어려움을 겪게 된다. 1912년 5월에 형인 윌버 라이트가 장티푸스로 세상을 떠나자 혼자 남은 동생 오빌도 회사 일에서 손을 떼고 다시 비행 연구에 몰두하면서 여생을 보냈다. 자신이 발명한 비행기가 많은 일을 해 내는 것을 지

| 린드버그의 뉴욕-파리 대서양 횡단과 상금 수상

켜보던 오빌도 1948년 1월 30일 76세의 나이로 생을 마감한다. 이러한 라이트 형제의 피나는 연구와 노력의 산물은 우리 인류가 항공 르네상스시대를 맞이하게 되는데 결정적인 역할을 함으로서 큰 의미가 있다.

라이트 형제 이후로 항공 르네상스의 대표적 인물은 대서양을 무착륙 횡단한 찰스 린드버그(C. Lindbergh)였다. 센인트루이스와 시카고 사이를 오가는 항공 우편기의 유능한 조종사였던 그는 1차 대전 에이스 출신의 유명 조종사들이 뉴욕-파리 간 무착륙 횡단비행에 실패를 거듭하는 사이, 이 도전에 성공하기 위해서는 기체 무게를 줄여야 한다고 판단했으며 이를 위해서는 단독비행을 해야 한다고 결론을 내렸다.

연료탑재량을 최대로 늘리기 위해 자신의 구상을 바탕으로 개발된 루이스(Spirit of St. Louis) 호를 탄 린드버그는 1927년 5월 20일 아침 드디어 횡단을 감행한다. 뉴욕을 출발한 린드버그는 결국 33시간 30분이 지난 뒤 파리에 안착하는 데 성공하였다. 단독 횡단을 계기로 그는 미국 개척정신의 상징으로서 유명세를 치렀고, 멕시코 대사의 딸과 결혼하여 아들을 하나 두었으나 그 아들이 유괴되어 결국 숨진 채 발견되는 불행을 겪기도 했다. 그 사건은 지금까지도 끊임없는 논쟁을 불러일으키고 있다.

제2차 세계대전의 전운이 감돌 무렵 그는 미국의 전쟁개입에 극구 반대하는 입장으로, 영국과 미국의 루즈벨트 대통령, 그리고 유태인 등 이들의 세력이 미국을 전쟁의 참화로 이끌고 있다고 주장하였다. 이 일로 그는 독일 나치에 호의적인 인종주의자란 낙인을 받았으며 적지 않은 국민들의 반발을 샀다. 사실 영웅이었던 그의 이름을 따서 이름 지어졌던 거리도 이름이 바뀌는 사태마저 발생하였다.

하지만 일본의 진주만 기습은 이 모든 것을 바꾸어 놓았다. 중립주의나 불간섭주의를 표방하는 것만이 능사가 아니라는 것이 명백해졌다. 린드버그 역시 생각이 바뀌었다. 불혹의

| 2차대전 당시 나치독일의 공군 사령관 헤르만 괴링. 찰스 린드버그는 헤르만 괴링에 의해 황금독수리십자훈장을 수여받기도 했으며, 이 때문에 그는 아직도 간첩논란에 싸여있기도 하다.

나이에도 불구하고 그는 적극적으로 전쟁에 참여하길 원하게 되었다. 그 나이에도 군에 다시 복무하길 원했지만 반전 언동으로 인해 군에서 바로 받아주길 꺼려하였다.

사실 루즈벨트 대통령과도 상당히 껄끄러운 관계에 있었으므로 민간 항공회사에서도 눈치를 보느라 그에게 역량을 발휘할 기회를 주지 않았다. 결국 그는 자동차계의 대부인 헨리 포드와 같은 호의적인 인사의 도움으로 신예기의 개발과 조종사 신교육 등에 참가할 수 있게 되었다.

처음에는 한물간 조종사가 뭘 하겠느냐고 회의적으로 보는 시각이 많았으나 비행기에 대한 그의 적지 않은 연륜은 결코 헛된 것이 아니었다. 한 예로, 똑같은 거리를 비행하고 돌아오더라도 언제나 린드버그의 비행기에는 더 많은 연료가 남아 있었다고 한다. 이것은 그가 비행기를 잘 조종하는 기술을 몸에 익히고 있었기 때문이었다. 그는 이 뿐만 아니라 태평양 전선에서 P-38기 등을 몰고 일본 전투기와 대적하면서 적진에 폭탄을 쏟아 붓는 등 전투에 직접 참가하기도 하였다.

전쟁 막바지에 유럽으로 건너간 그는 전쟁의 참화를 직접 눈으로 목격하게 되고 특히 강제수용소의 참상을 직접 확인하게 된다. 그렇지만 아돌프 히틀러(A. Hitler)의 유태인 대량 학살이라는 만행에 대해서 그런 건 전쟁이 일어나는 곳이라면 어디서나 일어날 수 있는 일

정도로 표현하는 등으로 다소 정리되지 않고 복잡한 심리를 드러내기도 하였다. 이 때문에 그가 아돌프 히틀러에 대해서 끝내 제대로 파악하지 못했다는 비난이 드세게 일어나기도 했다.

여하튼 2차 세계대전 이후, 비행의 역사는 급속한 발전을 거듭하며 제트엔진의 시대로 돌입하게 된다. 제트엔진을 처음 고안해 낸 건 영국의 항공사관학교에 재학 중이던 21세의 프랭크 휘틀(F. Whittle)이라는 청년이었다. 제트엔진은 압축기로 공기를 압축하여 연료와 함께 연소실에 집어넣고 연소시켜 얻어진 팽창압력을 이용해 터빈을 회전시키는 엔진이다. 고온고압의 가스에 의하여 터빈이 회전하기 때문에 '가스터빈 엔진' 이라고도 불린다. 그 당시 제트엔진의 제작원리는 오늘날의 터보제트엔진과 동일하게 배기가스 자체를 동력으로 사용하였고 기존의 피스톤엔진에 비해 기계적으로 간단하였다.

그렇지만 그 당시의 기술수준이 제트엔진을 만들 수 있을 만큼 높지 못했기 때문에 숱한 역경을 견디어야만 했다. 마침내 제트엔진을 만들어 시험비행을 했을 때가 1941년 5월 15일이다. 즉 그가 뛰어난 아이디어로 특허를 얻은 후 거의 11년 만에 이룩한 대 장정이었던 것이다. 이후 휘틀은 영국의 귀족이 되었으며 캠브리지 대학에는 그의 이름을 딴 연구소가 설립되었다. 휘틀은 1990년, 공학 분야의 노벨상이라 할 수 있는 드레이퍼 상을 수상했으나 그로부터 6년 뒤인 1996년 8월에 그의 의미 있는 삶을 마감했다. 20세기 이후 영공을 지키는 항공기의 99% 이상은 제트엔진을 착용하

| 프랭크 휘틀과 시제형 제트엔진

였다.

인류의 비행에 대한 도전은 인류의 전쟁이후 급격한 변화를 가져왔다. 1949년 최초의 민간 제트항공기인 '드해빌런드 커밋' 이 등장하였고 1950년에는 상업용 제트기의 취항도 있었다. 현재 전 세계가 1일 생활권에 들어서게 된 배경에는 이러한 비행의 역사가 숨어있다.

공간 이동을 향한 인류의 염원이 결실을 맺게 된 배경에는 수많은 사람들의 피나는 노력이 있었는데, 만일 우리 인류가 공간 이동에 대한 희망이 없었다면 현재와 같은 과학기술의 발전은 없었을 것이다. 빨리 달릴 수 있다는 희망과 하늘을 날 수 있다는 희망은 수없는 실패와 고통을 견디게 해주었다.

이처럼 위대한 인류의 도전에 있어서 만약 우리에게 희망이라는 단어가 없었다면 도전 자체가 불가능했을지도 모른다. 여담이지만 1994년, 프랭크 다라본트(F. Darabont) 감독에 의해 만들어진 영화 〈쇼생크 탈출〉은 인간에게 있어 희망이라는 단어가 얼마나 소중한가를 잘 보여준 사례이다.

무고한 혐의를 뒤집어쓴 채, 쇼생크 감옥을 탈출하기까지 20년의 복역 생활을 한 주인공의 인생스토리가 대강의 줄거리이다. 이 영화에서 주인공의 탈출이 갖는 의미는 인생을 살아가는 데 있어서 인내와 희망이 얼마나 중요한지를 잘 보여주고 있다. 우리 인류가 공간이동을 우주에까지 펼칠 수 있는 과학기술의 발전과 결실은 수많은 인내와 희망의 결과인 것이다.

제4장 과학기술과의 만남 3 : 생명연장

1. 생명이란?

| 알베르 카뮈(Albert Camus, 1913~1960)

우리 인간은 늘 무엇인가를 궁금해 하는 존재이다. 그리고 많은 궁금한 것들에 대한 해답을 찾기 위한 노력을 계속적으로 수행하는 그런 존재이다. 우리가 우리에게 던지는 여러 가지 질문들 중에 가장 우선시 되는 질문이 무엇인가를 다시 물을 수도 있다. 이러한 질문에 대해 심도 있는 대답을 제시한 작가로 필자는 카뮈(Albert Camus)를 말하고 싶다.

카뮈는 자신의 에세이 『시지프스의 신화』에서 인간에게 있어 "살 것인지 아니면 죽을 것인지를 정하는 문제가 가장 우선시 되는 질문"이라고 말하고 있다. 그리고 그는 인간에게 있어 이 질문은 꼭 답해야하는 철학적 과제라고 말하고 있다. 우리가 이 질문을 우선적으로 해결해야만 나머지 문제들도 그 해결과 대답이 의미를 지닌다는 것이다. 우리가 지금 고민하는 모든 것들은 우리가 산다는 것을 결정한 다음의 문제들이며 모든 문제들은 삶의 이유에서 시작되는 것이다.

사실 인간의 죽음의 기준이 무엇인지를 정하는 것만큼이나 생명이 무엇인지를 정의하는 문제 역시 복잡하고 다양한 논의와 논쟁거리들을 동반한다. 생명을 둘러싼 본질적인 물음은 과학기술에 종사하는 사람들, 즉 생물학자나 의사에게만 중요한 관심사가 아니다. 종종 종교학자와 철학자들을 막론하고 거의 모든 사람에게 생명의 문제는 가장 근원적이고 절실한 과제였다.

그렇지만 생명이 무엇인지에 대해서는 아직 그 누구도 수긍할 수 있는 만족할 만한 해답은 제시되어 있지 않다. 그렇다고 해서 우리가 생명에 대해서 전혀 아무 것도 모르고 있는 것도 아니다. 우리는 최소한 생명에 관해 무언가 조금은 알고 있으면서도 사실은 제대로 모르고 있다는 것이 현재로서 인간의 해석이다. 그러면서도 과학자들뿐 아니라 종교인, 철학자, 문학자, 생물학자, 의학자 등은 각기 그 나름대로 생명이라는 말을 사용한지만, 동시에 그들 간에 생명에 대한 하나의 통일된 견해를 찾

| 자궁 내에 있는 작은 생명체 '태아'

아보기는 어렵다. 더구나 동일한 학문분야에 종사하는 사람들 간에도 자신들의 보는 관점에 따라 생명에 대한 의미에도 상당한 차이가 있다. 이러한 것의 근본적인 이유는 아마도 생명이라는 것의 본래적 성질이 워낙 깊고 넓은 것이어서 어떤 하나의 관점으로 담아내기 힘들기 때문일 것이다.

우리는 생명이라는 개념을 매우 다양하게 다의적으로 사용한다. 우리가 사용하는 국어사전에 의하면 생명은 대체로 살아 있는 것(생명체, 생물)과 살아 있지 않는 것을 분간해 주는 기준으로 일상적으로는 목숨을 의미한다. 그리고 생물의 생활현상에서 추출해 낼 수 있는 일반적 개념이라고 한다. 이보다 좀 더 과학적인 정의를 찾아보았다. 자료에 의한 생명은 다음과 같이 기술되어 있다.

> 어느 누구나 쉽게 느낄 수 있는 것이지만, 정확하게 정의하기는 매우 어렵다. 때에 따라서는 생물과 그 활동을 통틀어 생명이라고 부르기도 한다. 지금까지 내려진 생명에 관한 정의를 몇 가지 살펴보면, 생물학의 발달과 더불어 생물의 특성으로 열거되어 온 것은 유기물질을 바탕으로 구성된 생체유기물질(生體有機物質)의 생산, 하나의 세포로부터 시작되는 성장 · 구성 · 조절성 · 자극반응성 · 물질대사 · 증식 등 여러 가지가 있는데, 이들 중 한 가지 또는 몇 가지를 가지고 생명을 정의해 보려는 시도가 있었다. 그러나 자연계에 존재하는 무생물에서도 앞에 든 것과 유사한 현상이 발견된다든지 이러한 생물의 특성을 기계적인 현상으로 설명할 수 있는 경우가 있기 때문에 생명을 엄밀히 정의하기는 지극히 곤란하였다. 그렇지만 상당히 널리 보급된 정의가 없는 것도 아니다.

엥겔스(F. Engels)에 의한 '생명이란 단백질의 존재양식이다.' 라는 정의가 그것인데, 이 정의는 물질대사를 생명현상의 기본으로 간주하기도 한다. 이 정의는 생물체내에서 일어나는 모든 물질대사는 효소라는 단백질이 주체가 되는 사실을 암시하는 것이기도 하였다. 물질대사에 대해 주목한 것은 생물체가 끊임없이 물질의 출입과 변화, 그리고 이에 수반되는 에너지의 전환 및 출입을 경험하면서 일정한 평형을 유지하고 있는 점에 주목한 것과도 연관이 있는 일이다. 생체론에서는 이러한 동적 평형과 위의 계층구조를 생명현상의 두 가지 특징으로 들고 있다. 그런데 동적 평형이 뜻하는 것은 생명이 유지되기 위해서는 끊임없이 붕괴, 즉 죽음이 존재한다는 사실인데, 생과 사는 표리일체의 관계에 있음을 나타내는 것으로도 볼 수 있다.

1940년대에 이르러 핵산의 중요성이 인식되기 시작하면서 단백질 또는 물질대사만으로 생명을 정의한다는 것은 불충분하다는 의견이 유력하게 되었다. 핵산 중에서도 DNA는 유전자의 본체이어서 증식의 기초가 되는 물질이므로 물질대사보다는 오히려 증식이 생명의 기본적 특성이라고도 볼 수 있게 되었다. 이와는 달리, 거의 모든 생물체의 현상이 피드백(feedback)조절이 기본적인 역할을 하고 있는 점으로 미루어 생명이란 제어, 바로 그것이라는 정의도 제안되기에 이르렀다. 이 정의에서는 생물과 자동제어기계가 혼용되어 있는 것처럼 보이지만, 기계는 어디까지나 인간이 만들어낸 것이므로 인간의 부속물로 간주하면 된다는 것이 이 제안 속에 포함되어 있다.

| 프리드리히 엥겔스(F. Engels, 1820~1895)

– 인터넷 자료와 사이버 두산 백과사전에서

과학계에서는 생명에 대한 전통적인 정의를 대략 5가지로 분류하고 있다. 이러한 5가지 정의에는 생리적, 대사적(metabolic), 유전적, 생화학적 및 열역학적(hermodynamic) 정의 등이 있다.

우선 생명에 대한 생리적 정의란 생명체가 지니고 있는 특징적 활동이라고 할 수 있는 각종 생리작용을 나열하고 이러한 생리작용을 지닌 대상을 생명체라고 규정한다. 이 정의는 우리가 상식적으로 생각하는 생명규정에 가장 근접한 것이다. 그렇지만 이것은 생명의 본질적 특성을 다 보여주지 못할뿐더러 모든 생명체가 이러한 작용을 모두 수행하고 있는 것도 아니다.

반면 대사적 정의는 신진대사가 생명의 가장 본질적인 특징이며 적어도 일정한 기간 내에 그 체내적인 성격에는 큰 변화를 가져오지 않으면서 외부와는 끊임없이 물질교환을 수행해 나가는 것이라는 것이다. 하지만 식물의 종자나 박테리아의 포자 등은 상당기간 대사작용 없이도 존재한다.

유전적 정의는 한 개체가 자신과 꼭 닮은 또 하나의 개체를 유전적으로 만들어 내는 특성을 가진 것을 의미하며, 생식작용을 생명의 특징으로 규정한다. 그렇지만 꿀벌 중에 일벌이나 노새와 같은 동물은 생식능력을 가지고 있지 않음으로 이것은 생

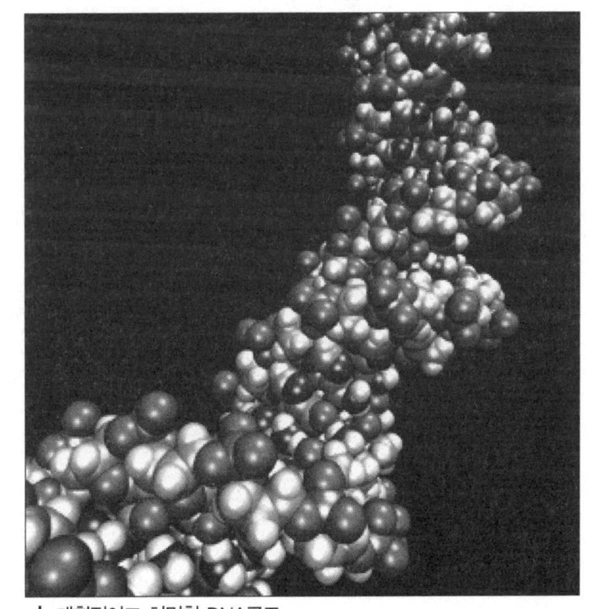

| 계획적이고 치밀한 DNA구조

명 정의의 충분조건이 될 수 없다.

이상에서처럼 생리적, 대사적, 유전적 정의와 같은 전통적인 생물학의 개념으로서 살펴본 생명의 정의는 불충분할뿐더러 생명의 속성을 다 밝힐 수 없다고 하겠다. 그렇다면 현대적 생명의 정의, 즉 생화학적 정의와 열역학적 정의를 한번 살펴보도록 하자.

생화학적 정의는 생명의 특성을 유전적 정보를 함축하고 있는 핵산분자, 다시 말해 DNA 분자들과 생물체 내에서의 화학적 반응을 조절하는 효소분자, 즉 단백질분자들이 기능적으로 함유되어 있는 생체를 생명으로 보고 있다. 하지만 이 정의에도 해결해야할 결점이 보이는데, 서로 상이한 분자적 구조를 지니면서도 기능적으로 유사한 성질을 가진 물체가 등장할 때, 이를 생명으로 인정할 수 있느냐는 반론을 해결해야만 한다.

이를테면 일종의 바이러스를 닮은 스크라피 병원균은 스스로 어떤 핵산분자도 지니지 않으면서 숙주의 핵산분자를 활용하여 번식을 하는 존재인데, 이것을 생명체로 보아야 하는가이다. 이러한 생화학적 정의와는 달리 열역학적 정의는 생명을 자유에너지의 출입이 가능한 하나의 열린 체계로서 보고 특정한 물리적 조건의 형성에 의하여 낮은 엔트로피, 즉 높은 질서를 지속적으로 유지해 나가는 특성을 지닌 존재로 규정한다.

이 정의는 생명의 체계가 어떠한 소재로 이루어졌든지 간에 이러한 기능만 수행할 수 있으면 생명이라고 할 수 있다는 것이다. 그러나 이 정의도 생명이 되기 위한 충분조건이 되기는 어렵다. 예컨대 높은 질서의 유지 기능을 가지고 있는 자연적 또는 인위적인 물질체계를 가지고 있는 것을 다 생명체라고 단언할 수 없는 것이며, 또 이것은 상황에 따라 다를 수 있다는 것이다.

하지만 이러한 생명을 둘러싼 정의들은 우리 생명에 대한 물질적인 측면에만 주목함으로 생명이 지니고 있는 정신적이고 내적인 측면에 관해서는 소홀한 면이 농후하다. 사실 우리

| 다니엘 칼라한(D. Callahan)

에게 중요한 것은 생명을 정의 내리는 일이겠지만 그것보다 더 중요한 것은 생명이 왜 존엄한 것인가를 아는 것이다. 어쩌면 생명이란 "정의함으로서 그것의 의미가 들어나는 것이 아니라 우리의 삶속에서 생명에 대한 존엄성이 느껴지는 적용의 대상"일 것이다. 이러한 측면에 있어 다니엘 칼라한(D. Callahan)은 인간의 존엄성에 포함된 중요한 요소 5가지를 다음과 같이 나열하고 있다.

우선 인간 종족의 보존으로 이것은 모든 생명체에 있어서 중요한 것이다. 인간의 경우, 여기에 더하여 인간이라는 종의 존재 자체가 가치롭다는 신념이 부가된다. 즉, 인간이라는 종 자체가 가치롭기 때문에, 그 종 자체를 보존한다는 것이 가치 있다는 것이다.

두 번째는 가계의 보존이다. 인간이 가족을 이룬다는 것은 사회의 구성을 위해 반드시 필요한 조건이고, 인간은 사회 속에서 사회의 구성원이 될 때에만 생존할 수 있다.

세 번째는 인간의 도덕성이다. 인간에게는 타인을 보호함으로써 기쁨을 얻을 수 있는 권리가 있다. 반면에 인간에게는 타인의 생명을 빼앗을 권리, 생명을 파괴하거나 그 가치를 저하시킬 사회적 · 경제적 · 의료적 조건을 부당하게 만들어 낼 권리는 주어져 있지 않다.

네 번째 요소는 인간의 자유의지이다. 자유가 있다는 것은 물리적인 자연법칙에 종속되지 않음을 의미한다. 인간에게는 자신의 행위를 선택하고 운명을 결정할 수 있는 자유가 있으며, 자신의 결정에 대해 책임질 의무도 부과되어 있다.

마지막으로, 개인의 신체에 대한 불가침성이다. 어느 누구도 자신의 허락 없이 한 개인의 신체나 일부분에 대해 어떤 강요를 하거나 침해할 수 없다는 것이다. 이제는 이러한 생명,

그리고 인간의 존엄성과 관련한 과학기술의 발전을 생명연장과 맞물린 역사적 사건들을 중심으로 살펴보도록 하자.

2. 생명연장에 대한 인간의 도전 1

누구나 병에 걸리지 않고 오래도록 살고 싶다는 소망은 동서고금을 막론하고 인간의 가장 기본적인 꿈으로 이어져 내려왔다. 우리가 잘 알고 있는 그리스 신화 중에서도 다음의 '시빌레' 이야기는 생명연장이 우리 인간의 본래적 소원임을 암시해 준다.

> 시빌레가 다음과 같이 말했다.
>
> 나는 여신이 아닙니다. 그러므로 나는 희생물이나 제물을 요구하지 않습니다. 나는 인간입니다. 그러나 만일 내가 아폴론의 사랑을 받아들일 수 있었다면, 불사의 여신이 돼 있었을 것입니다. 그는 내가 그의 것이 되기를 승낙하기만 하면, 나의 소원을 성취해 준다고 약속했습니다. 그래서 나는 한 줌의 모래를 쥐고 앞으로 내밀며 말했습니다.
>
> "저의 손에 있는 모래알의 수만큼 수명을 내려주십시오."
>
> 그러나 나는 불행하게도 영원한 젊음을 청하기를 잊었습니다. 이 소청도, 그는 내가 그의 사랑을 받아들일 수만 있었다면 허용했을 것입니다. 그러나 나의 거절에 감정을 상한 그는 나를 늙도록 내버려 두었습니다. 나의 젊음과 젊음의 힘은 사라진 지 오래입니

다. 나는 지금까지 7백년을 살아왔습니다. 모래알의 수와 같아지려면 아직도 3백 번의 봄과 3백 번의 가을을 맞이해야 합니다. 나의 몸은 해마다 위축되고 있습니다. 머지않아 나의 몸이 보이지 않게 될 때가 올 것입니다. 그러나 나의 음성은 영원히 남을 것입니다. 그리고 후세의 사람들도 필경 나의 말을 존경하여 들어줄 것입니다.

| 시빌레(Sibylle), 조반니 안드레아 시라니(Giovanni Andrea Sirani) 作

역사적으로도 생명연장을 위해서는 온갖 수단과 방법이 이용되어 왔고, 숱한 시행착오들은 생명연장에 대한 과학기술의 도전사를 구성해 왔다. 일찍이 중국대륙을 통일하여 천하를 호령했던 진시황제가, 자신의 막강한 권력으로도 생명연장만은 어찌할 수가 없어서 불로초를 구하려 했다는 이야기는 너무나 유명하다.

과학이 발달하기 전, 아득한 옛날에는 생명을 연장하기 위해서 신에게 기도하거나 무당 등을 통해 비는 것이 가장 중요한 방법이었다. 인간의 생로병사는 전적으로 인간의 능력이 아닌 신과 같은 절대자에 의해 모든 것을 주관한다고 믿었기 때문이다. 그 당시의 사회문화적 배경으로 본다면 당연한 생각과 행동이었다고 하겠다.

이렇게 도덕적이고 종교적인 질병과 생명관에 대해 최초로 과학적인 방법으로 병을 치료하고 인간의 생명연장을 위해 노력한 의사가 등장하게 되는데, 그가 바로 지금까지도 서양의학의 아버지로 불리는 고대 그리스의 히포크라테스(Hippocrates)이다.

히포크라테스의 아버지 또한 그리스의 의사였는데, 그는 열병에 걸린 환자를 고치기 위해 인간의 병을 다스리는 것으로 되어 있는 그리스의 신 아스클레피우스 신전에서 의사의 신념으로 열심히 기도하였다.

어린 히포크라테스는 자신이 아팠을 때의 경험을 떠올리며, 환자의 이마에 찬 물수건을 얹어 주어서 고통을 덜어 주었다. 그 이후 히포크라테스는 보다 나은 의술을 익히고 과학적인 진찰, 치료법을 개발해서 나중에 훌륭한 의사가 되기를 다짐한다.

그는 모든 질병은 몸속의 균형이 깨져서 생기는 것이고, 사람은 원래 스스로 병을 고칠 수 있는 힘을 타고나는 것이기 때문에 의사는 단지 그 힘을 도와주는 것이라고 말하고 있다. 이러한 그의 생각은 현대의학에서 면역성이나 저항력이라 부르는 것과 다를 바 없어 보인다. 더욱이 병이란 미리 예방하는 것이 가장 좋은 약이라는 사고방식 역시 오늘날까지도 변하지 않는 소중한 원리인 셈이다.

히포크라테스는 자연환경의 중요성을 역설했으며, 자신의 집안에만 갇혀있던 의학적 지식과 기술을 널리 보급하는데 앞장섰다. 인체를 우주의 축소판으로 여겨 자연 치유법과 위생을 강조하였던 그는 우리 인체를 그리스 자연철학자들의 이론에 입각하여 설명하였으며, 이에 따라 인간의 몸은 불 · 물 · 공기 · 흙이라는 네 가지 원소로 이루어졌다고 생각하였다.

| 서양의학의 아버지 히포크라테스의 모습을 표현한 18세기 판화

더불어 인체는 네 가지의 체액, 곧 혈액 · 점액 · 황담즙 · 흑담즙으로 구성되어 있는데 그것의 구성 비율이 그 사람의 체질을 구성한다고 주장하였다. 그리고 이 네 가지 체액이 서로 잘 융합되어진 건강한 상태를 '에우크라지에(eukrasie)' 라 하였으며 반대로 이 네 가지 체액이 잘 융합되지 않은 상태를 '디스크라지에(dyskrasie)' 라 하

여 건강하지 않은 상태를 말하였다.

1989년도에 발행된 갈레노스 우표

사실 히포크라테스가 2,500년 동안 명의로서 추앙을 받게 된 진정한 이유는 그의 환자 중심의 의학 철학 때문이었다. 이러한 히포크라테스의 의술관은 "제 의업에 종사할 허락을 받음에, 나의 생애를 인류 봉사에 바칠 것을 엄숙히 서약하노라."로 시작되는, 현재의 우리가 「히포크라테스 선서」라 불리는 글에서 잘 나타나 있다. 물론 히포크라테스도 돈을 받고 부유한 고객을 치료했으며 돈을 받고 자신의 의술을 가르쳤다. 그렇지만 미천한 환자들의 요구도 무시하지 않은 자비로운 귀족이었다고 한다.

히포크라테스만큼 우리에게 잘 알려져 있지는 않지만 그리스의 또 다른 대 의사를 소개할 필요가 있다. 그는 중세와 르네상스 시대에 걸쳐 유럽의 의학 이론과 실제에 절대적인 영향을 끼쳤던 인물이다. 그 의사의 이름은 갈레노스(C. Galenos)인데 서양의 실험생리학을 확립한 사람이라 할 수 있다.

1989년 헝가리에서 발행한 우표의 주인공이기도 한 그는 그리스 말기에 활약하였던 의사였다. 그는 서기 130년~201년까지 살았다고 표시되어 있으나 이것은 정확한 연도를 표기한 것이 아니라 단지 추정일 뿐이다. 갈레노스는 페르가몬 출신으로 알렉산드리아에서 의학과 철학을 공부하였다. 그 이후에 로마에서 개업의사로 활약하던 시기에 명성을 얻어 로마 황제 아우렐리우스의 전속 의사로 활약하였으며 의학 외에 철학, 수학 등에도 많은 업적을 남긴 사람으로 기록되어 있다.

갈레노스는 의학에서 실습의 중요성을 강조하였으며 의학 중에서도 해부학과 생리학에 훌륭한 업적을 많이 남겼다. 그는 "의사는 자연의 소명자이다."라는 유명한 말과 함께 400여 권의 의학서적과 철학서적을 저술하였다. 이러한 업적으로 인해 그는 유기체의 통일성에 대한 히포크라테스의 의술관을 이어받은 사람으로 평가되어진다.

그의 생리학은 이후 1,400년 동안 서양 의학사에 지대한 영향을 미쳤다. 그의 해부학적 지식은 인체가 아닌 동물의 해부에 의해 특히 원숭이의 해부를 통해 얻어진 것이었으므로 근육과 골격에 관한 지식은 많은 의학적 진보를 이루긴 하였지만 혈관이나 내장에 대한 지식에는 잘못된 오류가 많이 있었다.

그는 히포크라테스의 4체액설을 그대로 이어받아 인체에 존재하는 4체액의 양과 기능이 적절하지 못하면 질병이 발생한다는 등의 내용을 그의 저술에 남겨 놓았다. 그러나 그의 학문관이 그 당시 신학을 중시하는 중세 상황과 잘 맞아 떨어졌기 때문에, 보수적이며 권위적이었던 중세의 학문적 분위기에서 그러한 전통적 내용을 부정한다는 것은 곧 신에 대한 모독과 동일하게 취급되었다. 그로 인해 중세 내내 갈레로스의 의학은 진리로 간주되었고 히포크라테스와 더불어서 그는 가장 오랜 기간 동안 서양 의학을 지배한 인물로 평가되었다.

여기서 중요한 것은 갈레노스가 해부를 통해 얻은 지식을 토대로 생리학의 포괄적인 체계를 세우고자 노력하였다는 점이다. 이미 아리스토텔레스는 "자연에 있는 것은 아무 것도 헛되이 존재하는 것이 아니라 기능을 하기 위해 존재하는 것이다."라는 목적론적 신념에 근거하여 생체 내에 존재하는 모든 조직이나 기관에 대해 의미를 부여한 바 있다. 갈레노스는 아프리카산 바바리 원숭이 등의 동물해부를 통해 자신의 해부학의 기초를 세웠다.

특히 그는 근육과 뼈 조직을 정확히 관찰했으며 7쌍의 뇌신경을 구분해냈고, 심장판막을 묘사하고 정맥과 동맥의 조직상의 차이점을 세밀히 관찰했다. 여기에서 갈레로스가 주장한 것이 바로 프네우마(pneuma: 피에 의해 운반된다고 생각한 미묘한 물질로 생명의 원리로서의 공기, 호흡, 정령의 뜻으로 이르는 말)이다. 그리고 그것이 우리 신체의 신진대사를 조절하고 있다고 그는 믿었다. 서양의학사에서 놀라운 사실 중에 하나는 신체에 있지도 않은 프네우마는 1,500년간의 서양생리학의 기본 개념 중에 하나였다는 사실이다.

중세에 들어서면서 의학적 발전은 갈레노스를 넘기 힘들었지만 르네상스시기에 예술적이고 지적인 업적의 회복에 공헌했던 모든 사람들 중에서, 레오나르도 다빈치만큼 주목받을 만한 사람은 없었다. 이미 앞에서 언급했듯이 그를 르네상스의 아버지로 인정할 만큼 예술과 과학 분야에 많은 영향을 미쳤기 때문이다.

과학과 그림, 데생, 조각 심지어 건축학의 예술에서 보이는 물질계에 관한 호기심까지 그는 무엇을 하던 그 당시의 최고의 경지에 올랐다. 긴 세월에 걸쳐 그에게 명성을 가지고 왔던 다빈치의 재능은 그의 데생들에서 가장 잘 보인다. 그가 그린 데생들과 노트들, 최소한 현재까지 보존되어 있는 것들 중에는 현대 의학의 일러스트라 할 수 있을 만큼 해부학의 중요한 자료들로 간주되고 있다.

레오나르도 다빈치의 자화상

당시 종교적 이유로 사체에 손을 대는 것은 금기시 되었음에도 불구하고 그의 인체해부도는 매우 사실적이고 아주 정교하다. 그의 연구결과는 오랫동안 묻혀 그 빛을 보지 못하다가 19세기 말에 들어서야 주목을 받으며 다시 과학적 천재성이 조명 받게 된

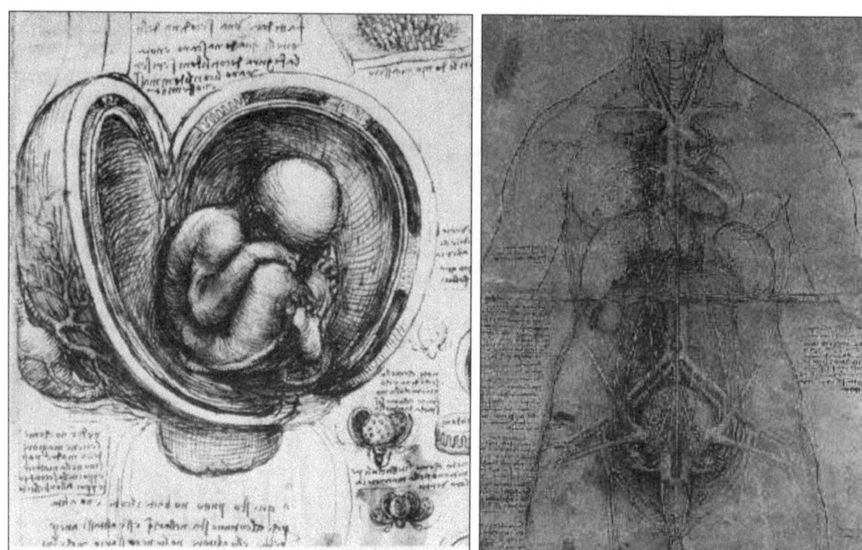

| 레오나르도 다빈치가 그린 자궁과 여성해부도

것이다. 현재 그의 기록은 23권의 책으로 남아있는데 그의 특이한 필체법과 방대한 수기는 지금도 많은 논란의 대상이 되고 있는 것이 사실이다.

서양학문의 암흑시대라 불리는 중세 유럽에서는 의학의 발달도 상대적으로 느렸으나, 근대에 접어들면서부터 의술 분야에서 뛰어난 인물들이 등장하였다. 외과의사인 앙브루아즈 파레(A. Pare)와 탁월한 해부학자인 베살리우스(A. Vesalius)와 같은 인물들이 대표적인데, 그들 때문에 더욱 많은 생명들이 구명되었고 인간의 수명을 연장시킬 수 있었다.

근대 초까지만 하더라도 외과 의사들은 대개 이발사를 겸해서 이발사-외과의사로 불리었다. 이것은 지금과는 달리 외과 의사들의 지위가 미천하였다는 것을 암시한다. 그래서 그들은 자신들의 사회적 위상을 높이는 문제에 보다 적극적으로 노력하였는데 그것에는 외과 수술의 발전이 큰 몫을 담당하였다.

특히 인체 해부학이 외과수술의 발전에 많은 도움을 주고 있었는데 그 당시까지는 내 · 외과 할 것 없이 모두 고대로부터 전해 내려오는 문헌과 경험적 기록에 주로 의존할 수밖에 없었다. 내과 분야에서도 새로운 질병이 생겨나는 등 기존의 의학 지식과 기술로는 해결할 수 없는 문제가 발생했지만 특히 외과 영역에서 이러한 경향은 더욱 두드려지게 나타나게 된다. 그러나 결과적으로 보면 이러한 시대적 배경에서 뛰어난 외과 의사들이 더 많이 배출되었다.

| 앙브루아즈 파레(A. Pare, 1510~1590)

그 가운데에서도 오늘날까지 근대 외과의학의 아버지로 추앙받는 사람이 바로 파레이다. 이발사-외과의사의 아들로 프랑스의 시골 마을에서 태어난 파레는 고향에서 외과 수련을 받은 뒤, 파리의 오텔디외 병원에서 외상치료를 담당하였다. 그 후 1537년 군의관이 되어 20년 가까이를 전쟁터에서 살게 되었고 그때 자신의 명성을 널리 남기게 되었다.

그가 살던 당시에는 크고 작은 전쟁이 부지기수로 많았다. 아이러니긴 하지만 그 덕분에 파레는 외과에 대한 실습과 연구를 많이 할 수 있었다. 그 당시에 총상 환자에 대해서는 즉시 끓는 기름으로 환부를 지지는 소작법이 사용되었는데, 이는 총상에는 독이 있기 때문에 불로 치료해야 한다는 준-히포크라테스 교의에 의한 것이었다. 그래서 그들은 우선 끓는 기름으로 지져야 한다고 믿었고 이것은 널리 받아들여진 방법 중에 하나였다.

그렇지만 소작법 치료를 받은 환자는 언제나 환부가 퉁퉁 부어오르는 증세를 보였고 통증도 심하였으며, 종종 대단히 위험하여 생명이 위독해 지기도 하였다. 어느 날 파레는 자신이 사용하던 기름이 바닥나자 하는 수 없이 새로운 방법을 사용하게 되었는데 이 새로운 방법이 뒷날 〈화기(火氣)에 의해 생긴 상처의 치료법〉이 되었다. 이것을 두고 파레는 다음과 같이 회고한 바 있다.

> 어느 날 밤 많은 부상병을 치료하다보니 끓는 기름이 다 떨어졌다. 할 수 없이 나는 총상 부위에 연고를 발라 상처를 씻고는 붕대로 감아놓았다. 그리고는 그날 밤 쉬이 잠을 이룰 수 없었다. 끓는 기름으로 상처를 지지지 않아서 부상병들이 죽거나 독으로 오염되지 않을까 걱정이 됐기 때문이다. 다음날 새벽 일찍 환자들을 돌아보니 내 걱정과는 전혀 달리 그들은 별로 통증을 호소하지도 않았고 상처도 거의 부어오르지 않았다. 보통 때와 같이 끓는 기름으로 지진 환자들은 열이 심했고 통증도 대단했으며 상처 부위도 많이 부어올라 있었다. 그때 나는 총상에 다시는 소작법을 쓰지 않기로 작심했다.

파레의 명성이 점차 높아짐에 따라 이 이야기는 유명해져서 끓는 기름은 더 이상 총상 치료에 쓰이지 않게 되었다. 파레는 자신의 경험을 종합해 파리 대학 교수인 실비우스의 도움으로 1545년 '총상 치료'에 관한 책을 출간하게 되었다. 그리고 파레는 지혈 방법으로도 중세 시대 동안 써 오던 소작법 대신 고대의 결찰법(잡아매기)을 부활시켰다.

그밖에 그는 인조 팔다리, 인조 코를 고안했으며 새로운 외과 기구와 기재를 손수 개발하기도 했다. 파레는 1561년 외과 역사상의 명저 『보편 외과학』을 펴내어 그러한 진료 경험과 연구 결과들을 종합하였다.

1554년 앙리 2세는 파레의 낮은 교육과 신분에도 그를 왕실 외과장에 임명하였다. 그 뒤 성 코스메 의학교의 콧대 높은 교수진들도 결국 파레를 교수로 임명하게 되었다. 르네상스 시대에 비천한 이발사-외과의사가 사회적, 학문적으로 높은 지위에 오르게 된 것은 쉽지 않은 일이었다. 꾸준한 노력, 연구심, 강인한 성격, 천부적 재능 등이 파레로 하여금 신분을 뛰어넘는 결과를 이루도록 한 것이다.

| 안드레아 베살리우스(A. Vesalius, 1514~1564)와 그가 그린 해부도

반면 베살리우스(A. Vesalius)는 인체 해부가 엄격히 금지되어 있던 당시에도 위험을 무릅쓰고 사형수의 시체 등을 몰래 훔쳐서 해부하여 근대적인 해부학의 기초를 닦았다. 어렸을 때부터 작은 동물을 해부하기 즐겼던 베살리우스는 파리 대학 의학부에서 공부하면서 본격적으로 여러 가지 동물과 인체를 해부하였다. 그는 의학사 학위를 받은 뒤, 당시 의학의 중심인 이탈리아의 파도바대학으로 가서 의학박사 학위를 취득하고 1537년 외과 및 해부학 교수로 임명되었다.

1543년 베살리우스는 스위스 바젤에서 일곱 권으로 된 해부학 책을 출간하였다. 공교롭게도 1543년은 고대에서 중세를 이끌던 우주관을 무너뜨리고 근대적인 우주관을 세운 니콜라스 코페르니쿠스(N. Copernicus)의 『천체들의 회전 운동에 관하여』가 출간된 해이기도 하다. 물론 우연적인 사건의 동일성이겠지만 여하튼지 간에 천문학과 인간학에 대한 근대적 과학혁명의 출발은 같은 해에 가시적으로 등장하게 된 것이다.

베살리우스는 자신의 책에서 사체 해부 등 손으로 하는 모든 행위를 경멸하는, 대학 교육을 받은 보수적인 의사들의 행위에 대해, 그리고 그러한 행위가 인간 생명을 위험에 빠트린

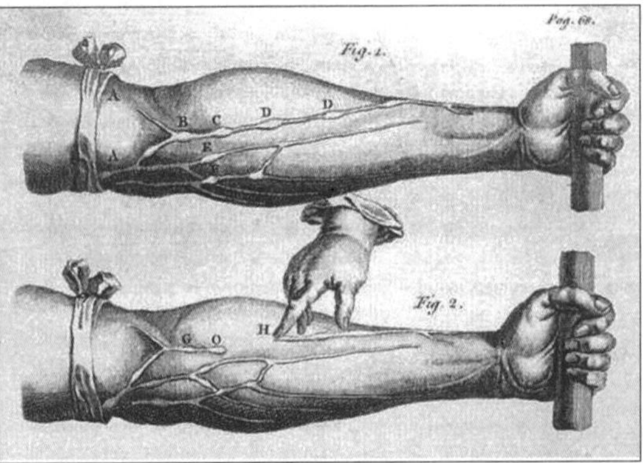

| 윌리엄 하비(W. Harvey, 1578~1657)와 혈액순환. 하비는 관찰과 실증에 의거했을 뿐 아니라 수량적 설명도 도입했다.

다고 언급하였다. 또한 사람 대신 원숭이, 돼지 등을 해부하고 그 결과를 망설임 없이 인체에 적용하였기 때문에 생겼던 그리스 의사인 갈레노스의 오류, 이를테면 다섯 엽의 간, 일곱 조각의 흉골, 뿔 모양의 자궁 등을 자기 스스로의 관찰을 통해 새로 교정하였다. 그래서인지 베살리우스는 시체를 훔치면서까지 연구에 매진한 탓에 사람들은 그를 일컬어 '시체 도둑'이라고 부르곤 하였다.

한편 영국의 의사 윌리엄 하비(W. Harvey)는 사람의 심장에서 피가 나와서 온몸을 돌아 다시 들어가는 혈액순환의 원리를 명확히 밝혀내었다. 그러므로 그는 근대 이후의 의학발달에 크게 공헌한 의사이다.

이미 혈액이 혈관을 통해 몸 안을 흐른다는 사실은 고대로부터 알려져 있었다. 그리고 심장이 마치 펌프와 같이 수축 운동을 하면서 피를 온몸에 순환시킨다는 것은 잘 알려진 사실이다. 그러나 하비 이전까지는 음식물을 소화해서 만들어진 혈액은 에너지와 같이 몸의 각 부분으로 흘러나가 거기서 소모되어 없어진다고 생각했다. 즉 하비가 피의 순환 이론을 밝히기까지 일반 사람들은 로마 시대의 위대한 의사 갈레노스의 이론, 즉 피가 간에서 만들어져 신체의 각 부분으로 보내지면서 영양분을 공급하고 사라진다는 이론을 받아들이고 있었다.

그러나 하비는 심장의 용적과 박동 수를 곱한 결과 단위 시간 내에 그토록 많은 혈액이 새롭게 생성되어 소멸된다는 것은 불가능하다는 사실을 입증했다. 또한 그는 심장에서 나온 혈액이 팔의 정맥을 묶자 막힌 정맥 아래쪽 부분에서 점차 정맥이 부풀어 오르는 것을 보임으로써 정맥의 피가 다시 심장으로 흘러들어간다는 사실을 증명했다.

그 외에도 혈액의 역류를 방지하는 정맥의 밸브를 이용하여 몸의 말단으로 나온 혈액이 다시 심장으로 돌아간다는 사실을 입증했다. 하비가 혈액순환을 밝힌 업적 자체도 위대하지만 그보다도 혈액순환을 증명하기 위해 그가 사용한 간단하면서도 효과적인 방법은 지금까지도 과학적 실험의 모범이 되고 있다. 그래서 의학사에서는 하비에게 근대생리학의 아버지란 칭호를 붙이며 그의 업적을 높이 평가하는 것이다. 결국 그로 인해 우리는 생명의 지표인 심장에 대해 정확한 이해를 할 수 있게 되었다.

3. 생명연장에 대한 인간의 도전 2

19세기에 접어들어서 좋은 현미경이 발견되고 미생물의 정체가 명확히 밝혀지면서 전염병에 대한 연구도 활기를 띠게 되었다. 전염병은 하늘이 내리는 형벌이 아니라 병원체인 미생물에 의해 생기는 것이라는 원리가 밝혀짐에 따라 여러 전염병의 예방 및 치료법에 있어서도 획기적인 발전이 이루어졌다. 이렇게 세균과 질병과의 연구에 가장 큰 공헌을 한 인물로는 백신의 발견자이며 저온살균법의 창시자인 프랑스의 루이 파스퇴르(Louis Pasteur)와 독일의 세균학자 로베르트 코흐(R. Koch)를 들 수 있다.

파스퇴르는 생명이 자연적으로 발생하는 것이 아니라는 것을 입증한 생물학자로도 이름이 높은데, 그는 누에의 전염병을 막는 연구를 성공적으로 수행하였고 소의 탄저병과 닭 콜레라의 원인을 밝히는 과정에서 면역의 원리를 알아내어 마침내 전염병의 예방수단인 백신을 만드는 데에 성공하였다. 이로서 파스퇴르는 당시 유행하던 광견병으로부터 많은 사람들을 구제하는 등 인류가 전염병의 공포로부터 벗어나는 데에 획기적인 공헌을 하였으며, 따라서 우리는 파스퇴르에 의한 저온살균법이라는 기술로 질병을 일으키는 세균이 없는 좋은 우유를 마실 수 있게 되었다.

뿐만 아니라 그는 포도주와 맥주, 누에, 소와 양에 나타나는 전염병들을 연구하여 하마터면 멸종될 수밖에 없었던 산업들을 큰 재앙으로부터 구함으로써 우리 생활을 윤택하게 만들었다. 이처럼 우리는 일상생활 속에서 알게 모르게 파스퇴르의 영향 속에 살고 있다. 파스퇴르의 일생을 들여다보면 그의 끈기와 확실함, 그리고 그가 얼마나 강한 정신력의 소유자인지를 알 수 있다.

파스퇴르는 1822년 12월 27일, 파리에서 남동쪽으로 400km 떨어진 프랑스 동부의 돌(Dole)이라는 마을에서 태어났다. 수년 후에 그의 가족은 인접 마을인 아르보와(Arbois)로 이주했다. 파스퇴르는 아르보와에서 학교를 다녔지만 미술 이외의 다른 과목에서는 좋은 성적을 얻지 못했다. 그를 가르친 대부분의 교사들은 그가 학교를 졸업하자마자 그의 아버지가 운영하던 무두질 공장에서 일할 것이라고

| 루이 파스퇴르(Louis Pasteur, 1822~1895)

생각했었다.

그렇지만 파스퇴르는 자신의 지식을 늘리고 싶은 욕망이 간절했다. 교사들 중 한 사람이 그가 신중하고 끊임없이 공부에 접근한다는 것에서 잠재력을 발견하였다고 한다. 파스퇴르는 열다섯 살 때 파리로 가서 두 번째의 학교 교육을 받았지만, 향수병을 못 이겨서 아르보와로 되돌아왔다.

그는 집에서 40km밖에 안 떨어진 브장송(Besancon)에서 다시 학업을 시도했다. 그것은 성공적이었으며, 1842년에는 브장송에 있는 왕립학교에서 과학사의 학위를 취득하였다. 파스퇴르는 프랑스 학교나 대학의 교사를 양성하는, 파리에 있는 에꼴 노르말(Ecole Nomale)에 입학하기로 결심한다. 1842년 그는 입학시험을 간신히 통과하기는 했지만, 더 높은 점수를 받지 못한 것에 대해 자책한다. 결국 파스퇴르는 지식을 더 쌓기 위해 1년을 더 공부한 다음 에꼴 노르말에 다시 입학했다.

파스퇴르는 에꼴 노르말에서 화학을 공부했으며, 1845년에 과학 석사 학위를 받았다. 1857년 모교인 고등사범학교의 교수가 된 그는 20년 동안 발효문제에 관해 연구했다. 그 당시 프랑스의 양조산업은 너무 빨리 쉬어버리는 포도주 때문에 매년 수천만 프랑의 손실을 입고 있었다.

그는 발효액에 있는 박테리아가 그 원인임을 밝혀냈고, 1863년 약 55℃로 가열하면 포도주는 변질되지 않은 채 박테리아의 독성만 파괴할 수 있다는 사실을 알아냈다. 이것이 바로 오늘날 많이 사용되고 있는 '저온살균법(pasteurization)' 의 시초였다.

1864년 그는 정부와 과학아카데미의 의뢰를 받아들여 누에의 질병에 대한 조사에 착수한다. 결국 그는 각고의 노력 끝에 누에 질병의 원인이 되는 두 가지 박테리아를 분리하는 데 성공했다. 이때 농민들은 파스퇴르의 동상을 세워 고마움을 표했다고 한다.

I 안토니 반 레벤후크(A. V. Leeuwenhoek, 1632~1723)

I 로베르트 코흐(Robert Koch, 1843~1910)

그러나 파스퇴르의 이러한 연구가 빛을 발할 수 있었던 기저에는 현미경을 만들어 미생물의 세계를 열었던 안토니 반 레벤후크(A. V. Leeuwenhoek)가 있었기에 가능했을 것이다. 레벤후크는 매우 호기심이 많고 창의적인 사람이었으며 무엇보다 그 당시의 잘못된 고정관념에 사로잡혀 있지 않았다. 레벤후크는 자신의 렌즈를 연마하여 만들고, 그 자신만의 현미경을 만들었다. 기술상의 완벽함은 그 배율을 200배 이상으로 끌어올렸고, 그는 인류에게 이전까지 알려지지 않았던 새로운 세계를 소개하였는데 바로 미생물의 세계(world of microorganisms)를 열었던 것이다.

반면 독일의 유명한 세균학자인 로베르트 코흐(Robert Koch)는 탄저병을 일으키는 세균의 정체를 밝혀내었고, 결핵의 병원균도 발견하여 전염병의 병원체는 미생물의 일종인 세균이라는 사실을 입증하는데 성공하였다.

1862년 괴팅겐 대학에 입학하여 의학을 전공한 그는 세균학의 기초적인 문제들을 해결하여 고정 배양기 세균고정법, 염색법, 현미경 사진 촬영법 등을 창시하였다. 1878년, 각종 전염병에는 각기 다른 병원균이 있음은 물론이고 이 세균은 모두 다른 특징을 갖고 있다고 주장해 세균학 발달에 새로운 전기를 마련한 그는 결국 1883년에 콜레라균을 발견하게 된다.

또한 1890년에는 투베르쿨린을 만들어 결핵균이 사람 몸에 침투했는지의 여부를 알 수 있게 되어 1905년 노벨 생리 의학상을 수상했다. 그의 업적은 그때까지 숱한 인간의 생명을 앗아가던 당시 최대의 난치병이었던 결핵을 치료할 수 있게 되었다는 데 있다. 인류의 무병장수의 꿈은 그로 인해 한 걸음 더 전진하게 되었던 것이다.

| 화학요법의 창시자 파울 에를리히(P. Ehrlich, 1854~1915)

오늘날 병원에 가면 주사를 놓고 조제약을 주는 화학적인 치료법이 일반화되어 있는데, 이러한 화학요법을 처음으로 실현한 사람은 끈기의 과학자로 알려진 파울 에를리히(P. Ehrlich)이다.

에를리히는 인체에는 아무런 해를 주지 않으면서 세균만을 선택적으로 죽일 수 있는 이른바 '마법의 탄환' 을 만들려고 노력했는데, 토끼를 대상으로 실험하여 매독을 일으키는 균을 부작용 없이 없애는 치료약을 개발하는 데에 성공하였다. 이것이 바로 인류 최초의 화학적 치료약품인 '살바르산' 인데, 그가 606번째의 실험 끝에 성공하였다고 하여 일명 '606호' 라고도 불린다.

그리고 그는 이 실험을 담당하였던 일본의 하타 사하치로와 함께 『스피로헤타병의 실험화학요법』을 저술하였다. 이것은 세균성 질환치료에 관한 것으로서 화학요법의 기초가 되었고, 면역에 대한 연구에서는 측쇄설(sidechain theory)을 수립하였다. 1908년에 면역학에

| 알렉산더 플레밍(A. Fleming, 1881~1955)

대한 연구로 메치니코프와 함께 노벨생리 · 의학상을 수상했으며, 1912년에는 네오살바르산을 발견하였고, 이듬해 런던에서 개최한 국제의학회 회장으로 추대되었다.

그 후 세균을 통해 의학적 발전을 이루려는 인간의 노력은 끊임없이 계속되었다. 20세기에 알렉산더 플레밍(A. Fleming)은 푸른곰팡이에서 페니실린을 발견해내고 우크라이나 태생 미국의 생화학자 셀만 아브라함 왁스만(S. A. Waksman)은 흙 속에서 항생물질 '스트렙토마이신'을 찾아내어 일찍이 파스퇴르가 예언했던 '세균으로써 세균을 죽이는' 시대가 열린 것이다.

여러 질병에서도 가장 큰 부분을 차지한 것은 박테리아, 곰팡이 등의 미생물의 감염에 의한 질병이었다. 20세기 초반까지만 해도 신체의 각 장기와 상처에 다양한 종류의 미생물이 감염되어 일으키는 질병의 치료에 독성이 강한 수은과 같은 중금속제 약물이 널리 사용되었다.

그러나 이러한 약물은 독성이 매우 강해 미생물을 죽일 뿐 아니라 숙주인 인간에게도 부작용이 매우 컸다. 그렇지만 1928년 영국의 플레밍 박사에 의한 페니실린의 발견은 많은 종류의 치명적인 감염으로부터 인류가 자유로워지는 항생제 개발의 계기가 되었다.

플레밍은 1922년 세균을 죽이는 리소자임을 발견 · 분리했으며, 1928년에는 인플루엔자

바이러스에 관한 연구를 하고 있던 중 우연히 포도상구균 배양기에 발생한 푸른곰팡이 주위가 무균 상태라는 사실을 확인하였다. 그는 더욱 연구에 매진하여 마침내 푸른곰팡이의 배양물을 800배로 묽게 하여도 포도상구균의 증식을 방지할 수 있다는 사실을 발견, 이 물질을 페니실린이라 명명하였다. 이 연구로 인하여 1945년 공동 연구자인 E.B. 체인, H.W. 플로리와 함께 노벨 생리 · 의학상을 수상하였다.

| 윌리엄 토머스 그린 모턴(W. T. G. Morton, 1819~1868)

사실 외과수술 분야에 있어서는 18세기에 이르기까지 이렇다 할 큰 진전이 없었다. 하지만 19세기를 지나면서 중요한 문제들이 해결되어 눈부신 진보를 이루기 시작한다. 이러한 외과수술 발전의 기저에는 마취시술의 개발이 밑받침이 되었다. 결국 마취시술에 의해 환자들의 통증을 제거하거나 줄일 수 있게 된 것이다.

1840년대부터 에테르와 클로로포름의 통증 억제 효과를 발견하게 되고 이것을 마취제로 사용하면서부터 외과수술은 발전의 둥지를 틀었다. 무균처리법을 비롯하여 소독과 멸균기술이 발전하게 됨으로써 상처 부위의 염증 문제도 해결의 길이 열리게 된 것이다. 마취에 의한 공개시술은 1846년 보스턴 매사추세츠 병원에서 처음으로 시행되었다. 하지만 이것은 2년 전, 즉 1844년 호레이스 웰스(H. Wells)의 실패를 발판으로 한 윌리엄 토머스 그린 모턴(W. T. G. Morton)의 지혜로운 성공이었다.

사실 아산화질소를 이용한 마취의 사용은 미국 치과의사인 웰스가 시초였다. 그는 친구인 치과의사를 불러서 아산화질소를 흡입한 후 자신의 충치를 뽑도록 부탁했는데, 이 실험

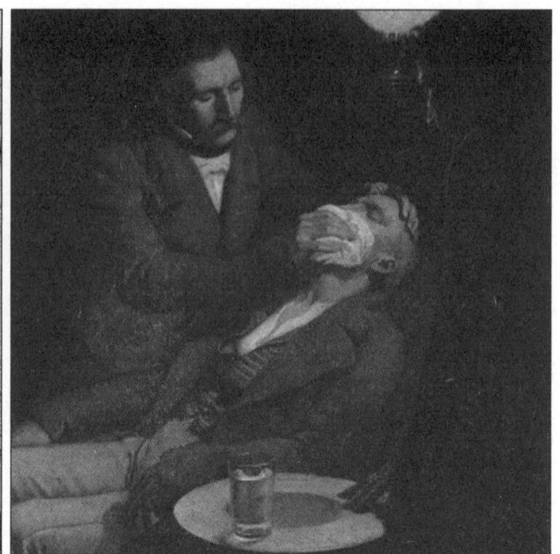

| 호레이스 웰스(왼쪽)의 마취 시술

적 발치는 몇 사람의 증인 앞에서 이루어졌다. 후에 이들 증인들은 웰스가 의식을 잃고 있는 동안에 수술이 진행된 것을 보았다는 것과 웰스가 의식을 회복했을 때 통증을 느끼지 않았다고 그가 언급한 것을 증언했다.

그 후에 웰스는 보스톤에 있는 매사추세츠 종합병원의 계단식 수술 견학용 교실에서 실연을 공개했다. 가스를 흡입하여 그것이 효력이 있는 동안에 발치를 해달라고 부탁한 환자가 있었다. 그런데 너무 긴장한 나머지 웰스는 마취제의 약효가 돌기 전에 발치하도록 명령했다. 그 때문에 환자는 극도의 통증으로 절규하였다. 결국 비난당하며 계단교실을 쫓겨난 웰스는 곧 치과를 폐업하게 되고, 치과 의사로 명성이 높았던 웰스는 그만 자신의 생을 자살로 마감하고 만다. 사람들은 평소 따뜻하고 자상한 의사였던 그의 자살 소식에 모두 의아해 하였다.

웰스가 실패를 한 2년 뒤인 1846년에 웰스의 제자이면서도 동시에 후원자였던 윌리엄 모턴은 자기의 환자에게 아산화질소를 사용할 것을 결심했다. 그는 웰스가 실패했던 매사추세츠 종합병원에서 다시 실연을 공개할 허가를 얻었다. 하버드 의과대학 부속병원인 MGH에서, 아산화질소 대신 에테르를 이용한 모턴의 마취 수술은 대성공을 거두었다. 치과의사 모턴이 종양 환자에게 솜에 묻힌 마취제를 흡입시켰고, 외과의사 존 콜린스 와렌이 칼로 종양을 도려냈다. 잠들어 있던 환자는 얼마 후 깨어났고, 이 같은 성공에 힘입은 MGH는 즉시 미국에서 가장 이름난 병원이 되었다.

그러나 에테르는 냄새가 너무 고약하고 더군다나 기관지에도 해롭다는 결점이 발견되었다. 곧이어 1847년 영국 에딘버러의 심슨이 빅토리아 여왕의 왕자 출산 때 클로로포름을 이용하여 무통분만에 성공함으로써 바야흐로 마취제의 새 시대가 열리게 된 것이다.

4. 생명연장에 대한 인간의 도전 3

19세기 말부터 20세기의 생명 연장에 대한 인간의 도전은 급속한 과학기술의 발전에 힘을 얻게 된다. 그 대표적인 인물로는 X-선을 발견한 독일의 뢴트겐(W. C. Röntgen)이 있다. 그는 독일의 레네프에서 독일인 아버지와 네덜란드인 어머니 사이에서 태어났다.

뢴트겐은 어린 시절, 네덜란드에서 공부를 하였는데, 그곳에서 학업을 마치지 못하고 1865년 입학시험을 통해서 취리히의 연방공과대학(ETH) 기계공학과에 진학하게 된다. 1869년 그곳에서 박사학위를 취득한 뢴트겐은 독일 뷔르츠 부르크 대학의 물리학자인 아우구스트 쿤트(A. Kundt)의 조교가 되면서부터 과학자로서의 실무적인 능력을 다지게 된다.

쿤트의 지도에 따라 그는 슈트라스부르크로 가서 1874년 교수 자격 과정을 이수하였고,

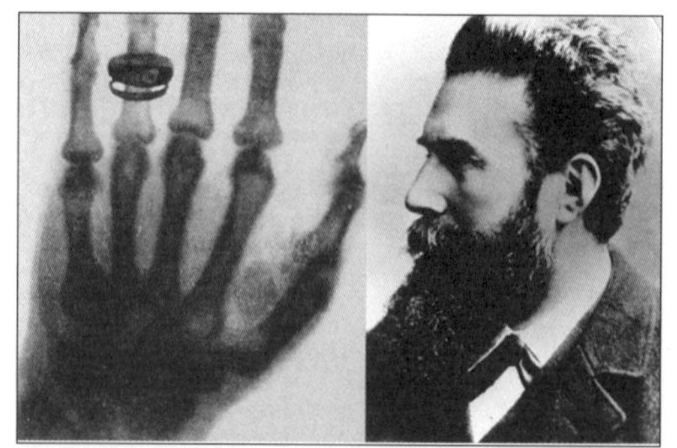

| 빌헬름 콘라트 뢴트겐과 그가 X-선으로 찍은 부인의 손

그 이듬해 뷔템베르크의 작은 학교에서 교수로 잠시 재직하다가, 결국 1879년 기센 대학 교수가 되었다.

기센 대학에서 10년간 교수로 재직하게 된 그는 1888년 마침내 프리드리히 콜라우시(F. Kohlrausch)의 후임으로 그가 과학자로서의 경력을 처음으로 쌓기 시작한 뷔르츠부르크 대학에서 교수생활을 하게 된다. 50세를 넘어선 뢴트겐은 1894년 초반까지 그렇다할 주목을 받지 못한 48편의 학술 논문만을 발표하였었다. 그렇지만 이후에 발표한 한편의 논문이 그를 일약 세계적인 과학자로 자리 잡게 한다.

1894년 5월 5일 뢴트겐은 동료인 레나르트에게 음극선을 금속 박판에 쏘기 위한 실험 장치에 대한 질문의 편지를 보낸 적이 있었다. 이때 레나르트는 뢴트겐에게 레나르트의 창문에 사용되는 금속 박편을 만드는 방법을 알려주었는데 그러한 방법의 도움을 받은 뢴트겐은 레나르트의 실험을 반복해 볼 수 있었다. 그렇지만 이 실험을 하던 중 뢴트겐은 대학의 학장으로 뽑혀서 당분간 자신의 음극선 실험을 할 수 없게 되었다.

1895년 10월 말 학장 임기를 마친 뢴트겐은 1년 전에 자신이 한 실험을 반복해 보기로 결심한다. 1895년 11월 8일 저녁 뢴트겐은 놀라운 현상을 목격하게 되는데, 후일 신문기자들과의 인터뷰에서 그는 그날의 상황을 다음과 같이 말하고 있다.

> 그 날 나는 검은 종이로 완전히 둘러싸여 있는 히토르프-크룩스 관으로 작업을 하고 있었습니다. 책상 위에는 백금시안화바륨 종이 한 묶음이 놓여 있었습니다. 관에 전류

를 흘려보내고 나자, 종이 위에는 이상한 검은 선이 비스듬하게 생겼습니다. 당시 관점에서 보면 그것은 빛 때문에 생긴 것이었지요. 그러나 전기 아크등에서 나오는 빛조차도 이렇게 뒤 덮여있는 종이를 통과할 수 없기 때문에 관에서 빛이 나온다는 것은 완전히 불가능한 것이었습니다.

그 때 히토르프-쿠룩스 관에서는 륌코르프 고전압 발생장치에 의해 음극선이 유리관의 금속 벽에 빠른 속도로 충돌해서 새로운 종류의 광선인 X-선이 검은 종이를 뚫고 나와 백금시안화바륨을 감광시킨 것이었다. 이 놀라운 현상을 목격한 뢴트겐은 이 사실을 아무에게도 알리지 않고 실험을 계속해 나갔다.

같은 해 12월 22일 그는 자신의 아내를 실험실로 불러서 그녀의 손을 X-선으로 찍어보았다. 이것이 바로 처음으로 살아있는 사람의 뼈를 사진으로 찍을 수 있음을 확인시켜 준 사건이다. 따라서 뢴트겐은 그간의 실험을 정리해서 뷔르츠부르크 물리의학학회지에 「새로운 종류의 광선에 관해서」라는 논문을 접수시켰던 것이다.

1900년대에 들어서면서부터는 심리학을 인간의 정신치료의 수단으로 승화시킨 사건이 등장하게 되었다. 그것은 독일 빈에서 신경병원을 개업하여 많은 임상관찰을 수행한 지그문트 프로이트(S. Freud)가 1900년 『꿈의 해석』을 발표한 사건을 말한다. 프로이트는 정신분석학을 창시한 오스트리아의 신경과 의사이다. 그는 유대인 가정에서 태어나 빈대학교에서 의학을 공부했으며 대학 시절부터 신경학에 강한 흥미를 느껴 빈

| 지그문트 프로이트(S. Freud, 1856~1939)

종합병원에 근무하면서 점차 '정신의학'과 '신경병리학'에 몰두하게 된다.

프로이트는 장기간 자유연상(free association)의 방법으로 인간의 무의식을 추적 · 탐구하고, 인간의 정신세계를 의식, 전의식, 무의식으로 나눔으로서 그가 『꿈의 해석』을 발표할 당시까지 진지한 연구대상이 되지 않았던 인간의 꿈을 무의식의 세계에 이르는 길이라고 주장하였다.

따라서 프로이트는 1900년 이후 꿈, 착각, 해학과 같은 정상심리학까지 그의 연구 영역을 확대하였다. 프로이트는 인간 활동의 근본 에너지를 성적 욕망에서 찾고 인간의 심리적 발달을 성욕의 단계적 성숙에 근거해 설명하는 '본능이론'을 발표하여 적지 않은 물의를 일으켰으나, 1900년대 초부터 그의 이론을 지지하는 사람들이 모여들기 시작했다.

그는 자신의 연구 영역을 예술 · 인류학 · 사회학 · 종교 · 문명 등으로 넓혀나갔으나, 1938년 히틀러가 오스트리아를 침공하자 영국으로 망명했으며, 이듬해 세상을 떠났다.

프로이트는 정신분열병의 본질을 이해했다. 그에 의하면, 이러한 정신 질병은 뇌의 장애가 아니라, 해결되지 않는 동성애 경향에 의해 일어나는 무의식의 장애인 것이다. 그렇지만 그는 정신분열병 환자는 치료 전문가의 통찰을 무시하고, 치료에 대하여 반항적이 되기 때문에, 정신분석은 정신분열병에는 효과가 없을 것 같다고 주장했다.

그의 저서 『정신분석입문』은 프로이트 자신이 30년 이상 정신분석이라는 분야를 연구하면서 발견한 다양한 개념과 사실들을 정리하여 제시하고 있는 책이다. 일반인이 수강을 하였다는 점에서 알 수 있듯이 이 책은 프로이드의 여느 정신분석에 관한 책보다 비교적 반복적이고 평이하게 기술이 되어 있으며, 예시 또한 풍부해서 정신분석을 쉽게 이해할 수 있도록 한다.

그는 『정신분석입문』에서 크게 세 가지의 주제를 다루고 있다. 즉, 말의 실수와 꿈을 이야기하고, 이어서 신경증의 일반이론을 설명하고 있다. 여기에서 프로이트는 인간 정신의 무의식, 성격의 구조, 성욕과 같은 동기, 심리적 발달과정 등에 대한 상세한 설명을 하고 있다.

그에 의하면 사회적 양심이나 부모의 금지 등에 의하여 형성되는 초자아에 의해 생명, 특히 성충동인 리비도(libido)가 억압되어 잠재의식을 형성한다고 보았다. 꿈은 이러한 잠재의식의 발산이며, 예술 · 종교 등의 문화 활동은 리비도가 목적이 억제된 애정으로 치환되어 나타나는 것이라고 해석하였다. 그는 당시 인식의 틀을 대변하던 학문인 생물학과 역사학을 바탕으로 인간의 심적 구조에 접근했다. 그 결과 생물학적으로 미숙한 상태에서 태어난 인간의 형성 과정이 무의식을 낳았고 꿈과 환상은 기억 조각 사이의 공백을 메워주는 중요한 요소라고 확신하였다.

개인의 과거의 사건을 객관적으로 재구성하는 것은 그 자체가 불가능할 뿐 아니라, 기억은 언제나 환상에 의해 왜곡된다는 관찰 역시 그의 정신과학으로부터 얻어진 결과였으며 꿈의 해석 또한 이성의 영역을 무한대로 확장시키려는 과학적 의욕의 산물이었다. 현대인들이 프로이트의 이론을 적극 수용하든 비판하든 간에, 그의 이론을 무시하고는 인간정신에 대해 어떤 논의도 할 수 없는 상황에 이르렀고, 프로이트의 사상은 다시 새로운 도전의 대상이 되었다. 치료방법으로서 정신분석은 여전히 해부학과 생리학에 기초하는 전통 의학의 도전을 받고 있는 것이다.

1953년에는 제임스 왓슨(J. D. Watson)과 프랜시스 크릭(F. H. C. Crick)에 의하여 인간 유전자의 본체인 DNA의 이중나선구조가 밝혀졌다. 생명과학과 유전공학은 이로써 비약적인 발전의 전기를 맞게 되었고, 인간 유전자 정보의 모든 비밀을 밝혀내려는 '인간게놈 프로젝트'는 이제 완성을 목전에 두고 있다. 이에 따라 무병장수라는 인류의 소망 또한 새로

DNA 모델 앞에 선 제임스 왓슨(왼쪽)과 프랜시스 크릭

운 전기를 맞이하게 되었다.

맞춤의학, 유전자치료라 불리는 예전과는 차원이 다른 방법들이 다가올 미래에는 선보이게 될 것이다. 사람들은 부모로부터 물려받은 형질에 따라 저마다 얼굴모양, 머리 색깔, 성격 등이 다르듯이, 유전적 차이로 인하여 병에 대한 감수성 및 약품에 의한 반응 또한 각각 다르게 나타난다. 따라서 어떤 환자는 어떤 약이 더 효과가 크고 부작용의 위험은 없는지를 유전인자 검사를 통해 미리 알 수 있게 되면 환자마다 가장 효과적인 약을 처방하여 빠르게 치료할 수 있고 비용도 적게 든다. 이것이 곧 맞춤의학인데, 현재 세계적인 제약회사들이 일제히 여기에 주목하고 있다.

또한 인간의 유전자 지도가 완성되면 유전자 이상에 의해 생겨나는 질병들을 명확히 밝혀내고 치료할 수 있을 것이므로 각종 암, 노인성 치매인 알츠하이머 등 오랫동안 인류를 괴롭혀 온 난치병들을 정복할 수 있는 지름길이 열릴 것이다. 뿐만 아니라 노화와 관련된 유전자를 적절히 조절할 수 있는 방법이 개발된다면 인간의 수명은 대폭 늘어나서 150세 이상의 천수를 누리는 것이 보편화될지도 모른다.

1996년 복제양 돌리가 탄생한 이래, 생명복제기술 또한 인류에게 무한한 가능성을 보여

준다. 윤리적 문제나 부작용을 우려하는 목소리도 있지만, 제대로만 이용된다면 인간에게 커다란 이익을 가져다줄 수 있다. 즉 유전자 조작을 통해 복제된 동물로부터 당뇨병치료제, 암 치료제 등의 귀중한 의약품들을 공급받거나 인간에게 이식할 수 있는 장기를 생산할 수도 있다. 21세기 들어서 인류의 생명연장의 오랜 꿈은 이제 완결을 눈앞에 두고 있다.

5. 생명에 대한 윤리적 의미

우리가 앞에서 이야기한 것처럼 인류는 '생명 연장' 이라는 꿈을 향해 그렇게 부단히도 노력해 왔다. 하지만 지금은 학계나 사회현실 속에서 생명에 관한 문제는 생명 연장에 대한 의료기술의 발달과 더불어서 그것을 둘러싸고 있는 많은 윤리적 문제들이 맞물려 있다.

이를테면 인공심장, 장기이식, 낙태, 안락사, 인공수정, 시험관 아기, 복제 등은 그 윤리적 문제를 심각하게 고려하면서 그 범위가 과학기술의 발전에 대한 총체적인 철학적 반성문제로 확산되어지고 있다.

특히 유전공학, 유전자 치료, 유전자 특허, 유전자 조작 식품, 인간게놈계획, 인간복제 등의 문제는 그 심각성이 매우 높으며 많은 기대와 우려를 동반하고 있는 문제라 할 수 있다. 반면 이러한 현실은 생명 연장을 위한 현대 과학기술의 발전과 더불어서 제반 문제에 대한 윤리적 반성의 보조가 중요함을 강조하는 것이라 하겠다.

사실 이러한 것들의 윤리적 문제를 다루는 응용윤리를 생명윤리(Bio-Ethics)라 하는데 이 용어는 생명을 의미하는 바이오(bio)와 윤리를 뜻하는 에틱스(ethics)의 합성어이다. 이것이 다루고 있는 내용은 생명 존중에 대한 윤리학적 입장에 대한 논의를 넘어서서 의료진과 의료기술을 둘러싼 윤리적 논의들까지도 그 범위에 함축하고 있다.

의료의 발전과 인권의식의 고양이 서로 연관되어 넓은 입장에서 생명, 특히 인간의 생명에 대한 간섭의 시비를 검토한다고 하겠다. 과거의 환자들은 자신의 신체적 문제를 스스로 해결하는 수단을 가지지 못하고, 또 그것 때문에 불안에 빠져 있었다. 그 당시 의사들은 그들(환자)에게 있어서는 절대적인 구조자로 여겨져 왔었다. 하지만 모든 판단이나 처치를 환자를 위해 실시하고, 환자의 프라이버시를 지키는 것 등을 기본으로 한 윤리강령들이 발표되면서 이제 환자와 의사의 관계는 상호동반자적 위치에 놓이게 되었다. 이로써 생명윤리는 생명의료윤리로 그 의미가 확대되었고, 결국 생명의료윤리는 생명을 다루는 철학적 문제들과 더불어 의료행위에서 일어나는 문제와 관련된 내용을 다루게 되었다.

철학의 한 분야인 윤리학은 도덕에 관해 철학적으로 탐구하는 한 분야라고 할 수 있다. 여기서 도덕에 관하여 철학적으로 탐구한다는 것은 도덕에 관해 과학적으로 탐구하는 것과는 구별되어지는데, 도덕을 전통적으로 본질적인 부분으로 다루는 것을 '규범윤리학' 이라고 한다면 도덕을 단지 과학적 현상을 기술하는 것으로 간주하는 것을 '서술윤리학' 이라 할 수 있다.

규범윤리학에 종사하는 철학자들은 도덕적으로 옳은 것과 도덕적으로 그른 것을 우리 인간 행위와 연관하여 규정하고자 한다. 반면 응용규범윤리학은 이러한 논의를 현실적인 문제에 논의하는 것을 목적으로 특정 분야의 도덕적 문제들을 해결하고자 노력하고 있다. 결국 생명의료윤리는 응용규범윤리학의 한 분야이며 생명과 연관된 의료행위나 생명의료의 과학기술적 연구에서 발생되는 윤리적 문제들을 해결하고자 하는 노력의 일환인 셈이다. 이를테면 인간의 죽음을 도와주는 기계의 고안, 안락사의 기계는 윤리적으로 어떤 문제를 가지고 있는가?

몇 년 전 커보키안(Dr. Kevorkian)이라는 미국 미시간 주(州) 출신의 한 은퇴 병리학 의사가 자살기계(suicide machine)를 고안했었다.

그는 이 기계를 불치의 병으로 고통 받는 환자들을 안락사 하는데 사용하였다. 그 기계는 하나의 쇠막대에 세 개의 병들이 연결되어 있는 모양을 하고 있었다. 링거주사 바늘을 통해 환자의 정맥으로 생리식염수를 투입하게 고안되어 있다. 그리고 환자가 스위치를 돌리면 씨오펜탈(thiopental)이라는 마취제가 주사되어지고 환자는 의식을 잃게 된다. 60초 후에 염화칼륨 용액이 뒤따라 흘러들고 수분 내에 심장이 멎어 환자는 죽게 된다. 이후에는 환자가 스위치를 누르면 일산화탄소가 관을 타고 환자의 머리 위에 씌워진 주머니 안으로 흘러들어가 안락사를 맞게 하는 장치였다. 이러한 장치는 안락사에 대한 윤리적 논쟁을 다시금 불러 일으켰고 의술의 발달에 윤리적 잣대가 얼마나 절실한지를 보려주는 사례가 되었다.

앞에서 살펴보았듯이 우리 인간은 생명연장의 꿈을 위하여 부단한 많은 노력들을 행하여

| 잭 커보키안 박사

왔다. 그런 데서도 생명의료윤리학의 영역에 속하는 도덕적 논쟁거리들 중 많은 것들이 오랜 역사를 가지고 있기는 하지만, 생명의료윤리학이 철학 내에서 하나의 어엿한 분야로 성장한 것은 비교적 최근의 일이다.

미국에서는 1970년 이후 현재에 이르기까지 수많은 생명의료윤리학 연구소가 설립되었다. 그 중 가장 유명한 두 곳이 미국 뉴욕 주에 있는 헤이스팅스 센터(Hastings Center)와 워싱턴 D. C.의 조지타운대학 부설 케네디윤리학연구소(Kennedy Institute of Ethics)이다.

오늘날 미국에서는 수십 종에 이르는 생명의료윤리학 학술지가 발간되고 있으며, 생명의료윤리학을 주제로 하는 학술회의들이 미국 전역에서 연중 끊이지 않고 있다. 1978년에는 『생명의료윤리학 백과사전(The Encyclopedia of Bioethics)』 초판이 간행되었으며, 미국을 중심으로 이제는 생명의료윤리학을 전공으로 삼는 철학자, 신학자 및 여타 전문 직종 종사자들의 숫자가 해마다 증가하고 있는 추세이다.

그렇다면 왜 하필 현대에 이르러서야 생명의료분야의 연구 활동이 활발해지게 되었을까? 이 질문에 대한 답으로서 아마도 두 가지 점이 지적될 수 있는데, 우선 현대 생명의료 기술의 눈부신 발달에 힘입어 생명의료 연구가 급속히 진전되었다는 점이다.

또 다른 하나는 의료기관에서의 의료시술 환경이 예전에 비하여 훨씬 더 까다로워졌으며 날이 갈수록 점점 더 복잡해지고 있다는 데에 있다. 생명의료 연구의 놀라운 성과는 이제껏 존재하지 않았던 새로운 도덕 문제들을 야기했을 뿐만 아니라, 해묵은 윤리학 문제들에 관해서도 새로운 차원의 논쟁을 불러 일으켰다.

이를테면, 시험관 수정(vitro fertilization) 등 인간생식에 관련된 의료기술들이 이제껏 우리가 전혀 경험하지 못했던 윤리적 문제들을 발생시켰다. 한편, 생명의료 연구가 진보함에 따라 해묵은 문제들은 더욱더 복잡한 것들이 되었고, 이제 그 문제들이 시급히 해결되어져야만 한다는 필요성이 제기되었다. 한 예로, 안락사의 문제는 전혀 새로운 것이 아니다. 하지만, 심하게 손상된 신생아들의 경우, 예전 같으면 사망했었겠지만 오늘날에는 살려낼 수 있다.

또한 회복불능의 혼수상태(irreversible comatose)에 빠진 환자들의 경우도 이와 비슷하다. 과거에는 이들의 생명이 유지될 수 없었지만, 발달된 의료기술 덕분에 이들이 오늘날에는 생물학적으로 생명을 유지할 수 있게 되었다. 위의 예들에 의해서 새로운 차원의 문제들이 생겨났고, 아울러 이러한 문제들이 시급히 해결되어야 한다는 여론 또한 형성되었다.

또 다른 예로 임신중절 문제를 들 수 있다. 비록 임신중절 문제는 전혀 새로운 것이 아니지만, 오늘날 산전 진단을 가능하게 해 주는 의료기술의 발달에 힘입어 이제는 태아에게서 유전성 질환이 발견되면 그 태아를 임신중절 시키는 경우들이 새로이 생겨났다.

끝으로, 현대 생명의료 연구의 괄목할 만한 성과는 인간을 실험의 대상으로 간주하고 생명 의료적 연구들의 가치에 대한 우리의 주의를 환기시키고 있다. 그러므로 우리는 인간을 대상으로 하는 실험의 윤리적 책임한계에 대한 탐구를 계속적으로 수행해야 한다.

제5장 과학기술의 철학적 이해

1. 철학과 과학의 만남

철학(哲學)이란 과연 무엇인가? 이것은 철학을 전공으로 공부하는 사람이든지 아니든지 간에 많은 사람들의 질문이 되고 있다. 이 질문은 철학이라는 학문에 관한 사람들의 호기심의 산물이기도 하겠지만 그보다는 철학이 모든 학문의 기초로서 그 장구한 세월의 역사를 거치며 지금을 사는 우리에게도 직 · 간접적인 영향을 미치고 있기 때문일 것이다.

철학은 한마디로 "모든 지적 호기심의 근원적 학문"이라 할 수 있다. 철학의 어원을 살펴보면 영어로는 필로소피(philosophy)라고 하는데 이것은 그리스어 필로소피아(philosophia)에서 유래된 것이다. 즉 사랑을 의미하는 여러 말들 중에 친구와의 우정을 말하는 필로스(Philos)와 지혜를 말하는 소피아(Sophia)의 합성어가 '필로소피아' 인 것이다.

풀이하자면 '지혜를 사랑하는 것' 이 된다. 한자로 풀이해도 '철학(哲學)' 자체가 '슬기로울 철(哲)' 자와 '배울 학(學)' 자로 되어 있으므로 당연히 '슬기로움에 관한 학문' 으로 정의될 수 있겠다.

그렇다면 왜 하필 "지식이 아닌 지혜를 사랑하는 것인가?" 과연 "지혜란 무엇인가?"와 같은 질문은 당연히 우리가 부수적으로 제시할 수 있는 질문들이다. 사실 지혜(知慧)란 슬기, 즉 지식과는 사뭇 다른 뉘앙스를 지닌다. 지식과 지혜 모두는 우리의 인식활동을 지칭하는 것으로 세계 전체를 의미 있게 하는 근거와 관계되는 통일적인 지식으로 사물의 이치나 사람 행위의 선악을 분별하는 정신적 작용이라 하겠다.

우리 인간은 세계에서 다양한 것들과 관계를 가지면서도 동시에 자기 자신과도 관계를 형성하는 그러한 존재이다. 또한 인간은 자신이 경험한 세계를 그냥 그대로 파악하고 이해하는 것이 아니라 그 현상의 배후에 무엇이 존재하는지, 왜 그것이 그렇게 존재하는지를 다시금 되물어가면서 철학적 사유를 시작한다고 하겠다. 그래서 A. 레플레는 철학을 다음과 같이 말하고 있다.

> 철학의 근원은 자신의 내적 외적 세계가 가지는 수수께끼의 틈바구니에서 길을 찾으며, … 개별적인 것들의 변화무쌍한 망원경에서 공통적인 것과 보편적인 것의 기본 노선을 찾으려고 노력하는 인간으로부터 온다.

또한 현대의 프랑크프르트 학파의 좌장격인 막스 호르크하이머(M. Horkheime)는 철학을 "세상에 이성이 있게 하려는 방법적이고 지속적인 시도."라고 규정하고 있다.

이렇게 철학적이며 이성적 존재자인 인간이 세계를 파악하고 해석하는 데 있어서 필요한

| 1965년 하이델베르크에서 막스 호르크하이머(왼쪽)와 테오도어 아도르노 (오른쪽)가 악수를 나누고 있다.

가장 강한 도구들 중에 하나가 바로 과학이다. 이러한 과학이 우리에게 제공해 준 것은 많은 문명적 해택이었으며 인간의 편리성 그 이상의 것이었다.

우리가 살아가고 있는 현대사회는 과학중심의 사회이다. 현대를 사는 우리는 어떤 사건이나 현상의 근본적인 문제에 대한 해결을 우선적으로 과학에서 찾는다. 그 이유는 기술을 동반한 현대과학이 제시하는 설명이나 해결이 여타의 대안들 보다 신뢰성을 준다는 믿음에서이다. 더욱이 과학이 제공하는 현상에 대한 설명과 해결은 그 동안 철학을 중심으로 하는 인문학에서 다루었던 이해나 해석적 방식과는 달리 사실적 증거에 의존하기 때문에 현대를 과학중심시대로 이끄는 강한 동기가 되었다.

특히 과학에 사용되는 방법론은 자연세계의 움직임을 발견하고 그것을 토대로 예측을 동반하는 효과적인 방법이라 여기게 되었다. 하지만 우리 인간은 이러한 과학과 과학적 방법에서도 여전히 철학적 질문을 던지는 그러한 존재이다. 예를 들면 "과학과 비과학의 기준은 무엇인가?" 또는 "과학적 설명은 어떤 특성을 지니며 어떤 구조를 가지는가?" 그리고 "과학적 방법은 무엇인가?" "과학은 어떻게 진행될 것인가?"와 같은 것들이다.

이러한 과학에 대한 철학적 이해는 단순히 현대적 사유의 작업이 아니라 고대 그리스 철학의 시작에서부터 그 뿌리를 내리고 있다.

2. 과학의 철학적 이해 - 고대 과학과 철학

인류의 역사에 비추어 보면, 철학과 과학을 구분 짓는 잣대는 그 가름이 분명치 않았다. 즉 근대 이전의 철학자는 곧 과학자였으며, 과학자는 곧 철학적인 시각으로 세상을 바라보고 있었다. 이러한 특징은 고대 그리스의 자연철학이 철학의 시초임을 생각해 보면 보다 분명해 진다.

신화적 세계관에 빠져있던 인류에게 최초로 던져진 철학적 문제는 "만물은 무엇으로 구성되었는가?"에서 시작된 아르케(arche, 원질)였다. 뿐만 아니라 과학이 다루는 방법과 실체에 관한 문제 역시 고대 자연철학에서 시작되었다고 해도 과언이 아니다.

최초의 철학자라 불리는 탈레스(Thales) 역시 만물이 물로 구성되었다고 주장하면서 동시에 일식과 전기를 예언하고 발견한 최초의 과학자였다. 그는 메소포타미아와 이집트를 여행하면서 기하학과 천문학에 대한 과학적 조예가 깊었던 것으로 전해지고 있다. 뿐만 아니라 기원전 585년, "올해 5월 22일에는 낮에 밤이 온다."고 하여 일식을 직접적으로 계산하기도 하였다. 그 시기 전쟁 중이었

| '최초의 철학자' 탈레스

던 소아시아의 메디아와 리디아의 두 왕국은 대낮에 갑자기 밤이 오자 너무도 놀라 공포에 사로 잡혀 휴전을 하였다고도 한다.

여기서 중요한 것은 탈레스는 기존의 동방의 천문학자처럼 일식이 초자연적이라거나 신비스러운 현상이라고 주장하지 않았다는 사실이다. 이러한 점에서 그를 최초의 과학자라고 말할 수 있는 것이다.

여기에 비추어 그가 만물이 물이라고 주장한 것도 물 자체가 생물에게 없어서는 안 될 중요한 물질이며 액체(물), 고체(얼음) 및 기체(수증기)의 세 가지 상태를 모두 볼 수 있는 물질이었기 때문이라는 과학적 해석이 보다 적절해 보인다.

탈레스의 제자인 아낙시만드로스(Anaximandros)는 우주의 근본물질은 어떤 특정한 물질이 아니며, 정해지지 않은 그 무엇, 즉 무한자(apeiron, boundless)라고 주장하였다. 결국 이것은 탈레스의 물과 그와 대비되는 불도 무한자로부터 뜨거운 것과 차가운 것이 나오게 되었다고 주장함으로서 최초의 우주 생성적 이론을 제시하였다.

또한 아낙시메네스(Anaximenes, 기원전 585~528)는 만물의 근본물질을 공기(氣, pneuma; '숨' 을 뜻함)라고 주장하였다. 이것은 사물의 생성과정에 대한 보다 구체적인 설명으로 공기가 희박해져서 불이 되고, 공기가 응축해서 물이 되고, 물은 더 응축해서 돌이 되었다고 주장한 것이다. 이들 밀레토스 학자들의 과학과 철학이론은 비록 유치해 보이더라도 기존에 있던 초자연적인 인과관계를 배척하고, 보다 광범위한 현상들에 대해 자연원리적인 설명을 제시하였다는 점에서 큰 의미를 지닌다고 하겠다.

밀레토스 출신의 자연철학자들의 이론은 고대 그리스의 자연철학자들에 의해 보다 정교하게 정리되었는데 특히 아낙시메네스와 동시대 사람인 헤라클레이토스(Herakleitos)는 '불' 을 만물의 원질로 보고 "만물은 유전한다."는 철학을 제시하였다.

그의 중심적 과학철학은 우리 자연에는 영원한 것은 없으며 만물은 끊임없이 변화한다는 점에 있다. 즉 우주에는 서로 상반하는 것의 다툼이 있고, 만물은 이와 같은 다툼에서 생겨나는 것이라는 뜻이다. 따라서 '싸움은 만물의 아버지요 만물의 왕' 이다. 그러나 그러한 다툼 중에서도 그는 그 속에 숨겨진 조화를 발견하였고, 그것을 '반발조화(反撥調和)' 라 하였다. 이것이 세계를 지배하는 로고스(理法)라 하였으며 그는 그러한 이법의 상징으로서 불(火)을 내세운 것이다.

반면 엘레아학파의 시조인 파르메니데스(Parmenides)는 헤라클레이토스의 이론에 반대하여 이 세상에 변화하는 것은 하나도 없다고 주장하기에 이른다. 즉 철학적으로는 존재론에 대한 이론을 제시하는 최초의 철학자인데 그에 의하면 존재만 인정되고 비존재는 과격하게 부정하여 변화와 운동을 부정하게 된다.

또한 우리에게 잘 알려진 '만물은 수(數)다' 라는 말을 남긴 피타고라스(Pythagoras)는 자신만의 학파를 형성할 만큼 수학에 대한 많은 지식체계를 쌓아올림과 동시에 윤회와 사후사상을 받아들이는 신비주의적인 철학자였다. 그의 과학사적인 공로는 탈레스 이래의 기하학사상에 어떠한 논리적 형태를 만들어 에우클레이데스의 기하학완성에 그 중심사상과 내용을 제공하였다는 과학사적인 의미를 지니고 있는 인물이라고 하겠다.

그 후 그리스의 과학자들과 철학자들은 자연의 구성 원리를 일원론적인 원리보다는 다원론적인 입자들의 구성에서 찾고자 하는 시도를 전개하였다. 이러한 시도는 음유시인인 크세노파네스(Xenophanes)가 흙과 물의 조화를 만물의 근원으로 간주한 '입자설' 이후 더욱 확장되게 되었다.

의사 출신이었던 엠페도클레스(Empedokles)는 피타고라스 학파의 영향을 받아 만물의 근본 물질은 물 · 불 · 흙 · 공기라는 네 가지 원소로 이루어지고 그것들이 서로 다른 비율로

섞여서 만물이 형성된 것이라는 주장을 펼친다. 또한 그는 만물 형성과 변화의 원리를 철학적으로 제시하는데 사랑(philia)과 미움(neikos)이라는 작용 때문에 그러한 것들이 가능하다고 주장한다.

반면 아낙사고라스(Anaxagoras)는 만물의 형성이 위의 네 가지 원소만으로는 부족하고, 보다 더 많은 그리고 질적으로 다른 존재 씨(spermata)들로 구성되어진다는 다원론을 펼쳤다. 이러한 다원론자들의 논의는 곧 레우푸스키(Leukippos)와 데모크리토스(Demokritos)에 의해 원자론으로 발전하게 된다. 그들이 생각하는 원자(atom)란 더 이상 나눌 수 없는 알맹이를 말하는 것으로 앞에서 언급된 원소들과는 질적으로 다른 존재이다. 하지만 원자론이 말하는 원자는 질은 같고 양만이 틀린 것으로 이해된다. 사실 원자론에서 말하는 만물의 운동은 원자에 고유한 것이므로 작용인이 필요 없다. 실제 물체들 간의 차이는 원자들의 크기, 모양, 위치, 배열, 운동 상태의 차이로 설명되는 것이다.

ㅣ 플라톤(왼쪽)과 아리스토텔레스(오른쪽), 라파엘로가 그린 '아테네 학당'의 일부이다.

이러한 원자론은 만물을 기계적으로 바라보는 시각을 대변하는 것으로 근세의 유물사상에도 영향을 미쳤으며, 더욱이 중세 이후의 돌턴(Dalton)에 의해 재발견되어 근대의 원자론으로 발전되었다. 이러한 원자론은 지금까지도 물질을 보는 하나의 기본태도로 남아있는 과학적 진보라고 평가할 수 있다.

이러한 고대과학철학은 곧 두 가지 입장으로 정리되어 발전되고 철학적 과정으로 전개된다. 그 하나는 플라톤(Plato)을 중심으로 한 이상주의적 과학관이고 다른 하나는 그의 제자 아리스토텔레스(Aristotle)를 중심으로 한 현실주의적 과학관이라고 하겠다.

우선 이상주의적 과학관을 정립한 플라톤은 이전의 피타고라스의 종교적 요소와 수학의 영향을 받았으며, 그의 스승인 소크라테스의 윤리와 덕론을 중심으로 자신의 철학을 정립해 나아간다. 그의 과학에 관한 저서로는 『티마이오스(Timaios)』를 들 수 있는 데, 여기에서 그는 기존의 자연철학을 정리하고 창조신화를 중심으로 한 본격적인 '우주창생이론' 을 전개하고 있다. 또한 세계를 기하학적 모형으로 표현함으로서 이원론적인 과학을 형성하는 토대를 구축하게 된다.

이러한 기하학으로 우주를 해석하려는 그의 과학관은 16세기 과학혁명의 하나인 천문학적 혁명(코페르니쿠스, 갈릴레오, 케플러로 이어지는)을 성공으로 이끈 원동력을 제공하였나고 평가될 수 있다.

반면 그의 제자인 아리스토텔레스(Aristotle)는 고대과학의 기본적인 입장을 형이상학적에서 경험주의적 과학으로 집대성한 철학자이다.

그는 플라톤과는 달리 자연현상에 대해서 기본적으로 경험적인 태도를 취하면서 만물의 변화와 운동의 문제를 자신의 중심적인 문제로 다루었다. 아리스토텔레스는 만물이 네 가지 원인에 의해서 생성되며 달라진다고 말한다. 그가 말하는 네 원인은 형상인(Formal Cause), 질료인(Material Cause), 작용인(Efficient Cause), 목적인(Final Cause)이라고 할 수 있다.

이를테면, 세종대왕 동상을 구성하고 있는 청동은 '질료인'에 해당되며 겉으로 드러나고 있는 대왕의 모습은 '형상인'에 속한다. 또한 동상 제작자가 청동을 재료로 대왕의 모습을 제작하는 과정을 '작용인'이라고 한다면 그것을 구상한 제작자의 아이디어는 '목적인'에 해당되는 것이다.

이러한 그의 분석은 이후 과학을 하는 방법론적으로 실험적 방법과 귀납적 방법의 중요한 기틀이 되었다. 특히 아리스토텔레스가 관찰과 실험에 입각한 생물학은 그의 과학철학을 잘 보여주는 업적이라고 할 수 있다. 이렇게 플라톤과 아리스토텔레스로 집결되는 고대의 과학과 철학은 그 의미가 현대과학의 발전에 비교되며 플라톤과 아리스토텔레스 사후 2000년 동안 서양의 과학과 철학을 지배해 온 기틀이 되었다.

영국의 철학자인 화이트헤드는 "서양의 2000년 철학은 모두 플라톤의 각주에 불과하다."고 말했으며, 시인 에머슨도 "철학은 플라톤이고, 플라톤은 철학"이라고 평가할 정도로 서양과학에 플라톤과 아리스토텔레스가 미친 영향은 실로 지대하다고 말할 수 있겠다.

3. 과학과 근대 철학의 이해 - 베이컨과 데카르트

과학에 대한 철학적 이해는 자연과학에 대한 철학적 이해를 바탕으로 과학적 사실과 현상에 관한 철학적 명제들을 과학적으로 분석하는 과정에서 출발했다고 말할 수 있다. 예를 들어 과학의 보편법칙 등을 추론하는 귀납과 연역의 사유과정에 대한 타당성을 논의하거나 또는 과학의 진리가 자연의 사실로부터 나온 것인지를 연구한다.

사실 15, 16세기는 신세계인 미국이 열리는 등, 바로 탐험과 발견의 시대였다. 인간의 지평은 확장되고 있었고, 근대 과학은 급격한 발전을 보이고 있었다. 실제로 과학은 서구의 초기 발전에 있어서 지도적인 문화적 역할을 담당했다. 이렇듯 인간이 자연을 정복하고 탐구해야 한다는 새로운 시각은 17세기의 과학혁명에 크게 기여했다. 현대 사상의 발전에 있어 근대 과학이 수행한 역할의 성과를 알기 위해서는 우선적으로 과학적 방법의 창시자인 프랜시스 베이컨(Francis Bacon)에 대해 알아보아야 한다.

| 프랜시스 베이컨(Francis Bacon, 1561~1624)

역사적으로 근세 자연과학의 방법으로서 귀납과 실험의 중요성을 강조한 사람은 근대 과학철학의 아버지인 베이컨이며, 그는 아리스토텔레스 이래로 강조되어 왔던 연역논리(Deduction)를 배척하고 그에 대응되는 귀납논리(Induction)를 강조하였다.

베이컨은 과학적 사고는 사물의 신성한 원인을 밝힘으로서 인간 이성의 힘을 증대시키며 나아가 자연을 극복할 수 있다고 주장했다. 이를 위해 베이컨은 원인들에 있어서 아리스토텔레스의 '목적인'에 해당되는 원인은 과학적 사고에서 배제시키기로 하였다. 이는 비물질적인 원인들을 배제하는 사고방식만이 이 세상을 합리적으로 설명할 수 있다고 믿었기 때문이다. 베이컨은 자신의 저서 『새로운 논리학(Novum Organum)』에서 정신이 빠지기 쉬운 오류를 네 가지 우상론을 통하여 말하고 있다.

우선 그가 말하는 첫 번째 우상(Idola)은 '종족의 우상(Idola of the Tribe)'이다. 이것은 정신의 자연적 결함으로서, 일종의 나태와 타성에 의해 도래되는 것이다. 그 당시의 사람들은 점성술과 같은 미신을 좋아한다고 비판한다. 그리고 항성이 원운동을 한다고 주장하는 고대천문학의 견해나 그 당시 영국에서 새로 나온 플루드(Robert Fludd)의 카발라(la Cabale)라 같은 사이비 과학도 매한가지인 것이다. 하지만 이 종족의 우상은 결국 과학에 있어 실험도구를 사용하여 그러한 오류에서 벗어날 수 있는 방법을 간접적으로 제시하고 있는 것이다.

두 번째 '동굴의 우상(Idola of the Den)'은 플라톤의 동굴의 비유에서 인용하여, 습관의 반복과 정신이 감옥에 갇혀서 받은 교육에서 오는 것이라 하였다. 결국 과학자들은 자신의 주관적 경향을 버려야 한다는 것이며, 따라서 과학자들은 보다 엄밀한 과학을 주장하기 위해서 상호비판과 협동을 해야만 한다는 것이다.

세 번째 '시장의 우상(Idola of the Marketplace)'이란 언어가 사물들을 분류하기를 바라지만, 얼마나 언어들이 혼동된 의미를 지니는가를 말하는 것이다. 그리고 얼마나 단어들이 실재하지 않는 것에 대응하는가를 말한다. 통속적 언어는 자신의 분류들 자체가 서로서로 대립된다는 것을 지적한다. 따라서 과학자들은 언제나 실험에 근거를 둔 용어를 사용할 것을 강조하고 있다.

마지막으로 '극장의 우상(Idolas of the Theatre)'이란 플라톤과 아리스토텔레스와 같은 유명한 철학적 이론의 특권에서 오는 것, 또는 최악의 경우는 소피스트들의 이론에서 오는 경우이다. 따라서 이러한 과학적 권위의 우상에서 벗어나기 위해 귀납법과 자연사적인 방법이 과학적 방법으로 사용되어야 한다는 것이다.

또 하나의 근대 과학의 방법론을 성립한 철학자가 있었는데 그가 바로 르네 데카르트(René Descartes)이다. 그는 자신의 방법론을 통해서 모든 학문에 적용될 수 있는 방법을 만들어 내었다. 그에 따르면, 과학은 몇 가지 방법으로 요약되어지지만 오직 자의식에서 기원한 방법이 모든 과학과 학문의 근거가 됨을 밝히고 있다. 이런 방법은 과학이 인식의 근거와 기원에서 출발하는 방식이다. 그것의 출발점은 동일하게 우리의 의식에 주어진 점에서 시작된다. 데카르트는 감각도 내 생각에 있어서 감각되어진 것이라 하여 감각을 자신의 의식행위로 환원한다.

그의 경우에 있어 과학적 대상은 언제나 직접적인 것이며, 그 직접적인 대상은 모든 것의 근거가 되는 확고부동한 토대를 통해서 재구조화되고 재구성되어야만 하는 것이 절실하였다. 이렇게 볼 때, 데카르트의 과학적 방법은 계속적인 단절을 요하는 것이라 할 수 있다. 그것은 인간을 주체화시키는 동시에 역사의 지평으로부터 개체를 이탈시키는 이중의 작용을 수행한다.

그래서 베이컨과는 달리 데카르트는 기존의 연역법의 단점을 보안하려는 자세를 취한다. 그는 확실한 전제를 얻기 위해 '방법적 회의' 를 고안하고 그것을 통해 과학현상들을 설명하

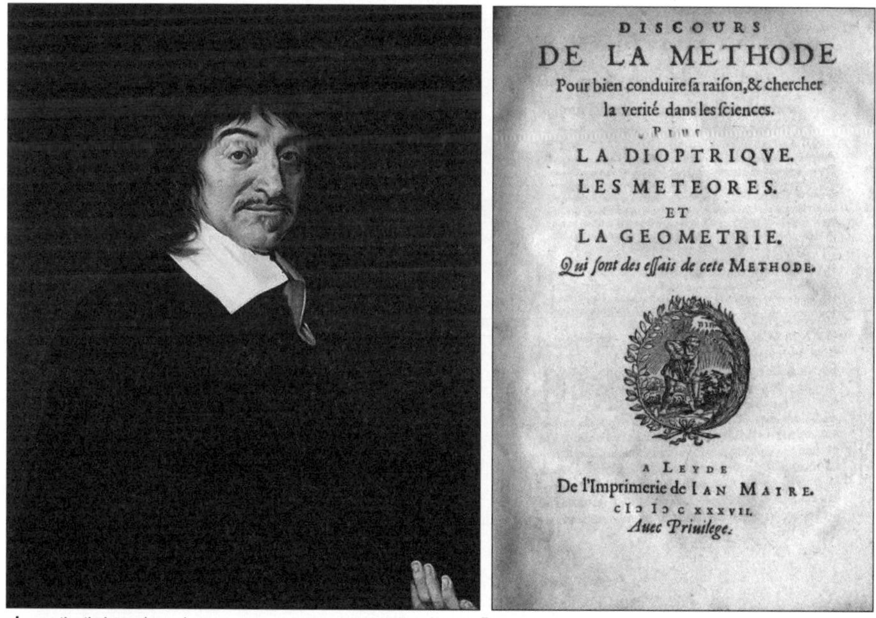
DISCOURS
DE LA METHODE
Pour bien conduire ſa raiſon,& chercher
la verité dans les ſciences.
Plus
LA DIOPTRIQVE.
LES METEORES.
ET
LA GEOMETRIE.
Qui ſont des eſſais de cete METHODE.

A LEYDE
De l'Imprimerie de IAN MAIRE.
cIↃ IↃ c XXXVII.
Auec Priuilege.

| 르네 데카르트(René Descartes, 1596~1650)와 그의 책 『방법서설』

려 하였다. '방법적 회의'는 의심의 여지가 있는 것은 모두 제외하는 것을 말한다. 이런 회의적 방법론은 결국 "나는 생각한다. 고로 존재한다."라는 명제를 만들어 내게 되며 이것을 기존의 연역법과는 다른 확고한 출발점으로 삼았다. 따라서 정신의 존재와 신이 창조한 자연 세계의 존재를 각각 독립시켜 인식하기 시작했다.

또한 데카르트에게 물질세계는 정신과 상관없이 존재하며 이성적 능력으로 신이 주신 물리법칙에 따라 움직이는 거대한 기계라고 생각했다. 이러한 기계적 세계관은 몇 가지의 물리법칙들을 이끌어냈고 인간과 동물에 적용했으며 새로운 근대적 우주관을 세우게 된다.

이런 과정에서 나오게 되는 것이 물리세계에 대한 '운동량 보존의 법칙'이고 '관성의 법칙'인 셈이다. 결국 데카르트의 연역적 방법은 체계적인 의심과 극단적인 회의를 통해서 신과 자기 존재를 인식함에서부터 출발하여 자의식이 모든 정신적인 것의 중심에 있는 셈이 된 것이다.

따라서 그는 수학적으로 증명된 명제만이 과학에서 참이며 과학은 신의 법칙이 아니라 자연적 법칙인 수학적 법칙으로 작용한다고 주장하였다. 따라서 데카르트 이후 근대과학에서는 자연을 기계적인 것으로 보고 지배와 이용의 대상으로 보기 시작하게 된 것이다. 그래서인지 몰라도 과학혁명 이후의 과학자들은 아무 거리낌 없이 자연에 조작(기계에 의한 실험)의 박차를 가한다.

결국 베이컨과 데카르트의 과학방법론은 근대의 과학혁명을 발생하게 하는 이론적 토대를 마련하는 결과를 가져오게 되었다. 과학혁명은 우리 인간의 지적인 능력을 발달하게 하였을 뿐만 아니라 물질적 풍요 증대를 가져왔으며 유기체적 자연에 대한 이해나 부분과 전체간의 상호작용을 무시하는 결과를 낳기도 했다.

따라서 기계론에 바탕을 둔 근대적 물질관은 학문의 우선순위를 바꿔 놓았다. 신이 주신 물질은 똑같은 자연법칙에 지배받는 기계일 뿐이라, "자연에 동물혼, 식물혼, 이성혼 같은 게 있고 거기에 계급이 있다."라는 스콜라철학설은 점차 사라지게 되었으며, 덕분에 과학은 신학에서 분리 될 수 있었고 과학계는 변할 수 있었다. 베이컨의 경험론과 데카르트의 합리론의 논쟁은 100년간 계속되면서 근대 과학 방법의 이론적 제시로 그 의미를 지니고 있다.

4. 철학과 과학의 만남 – 현대 과학철학의 논의들

20세기에 들어서면서 과학의 철학적 관심사의 주된 대상은 물리학에 있었다. 사실 17세기 과학혁명기 이후로 물리학과 물리학에 수용된 수학적 방법론은 서양 현대 철학의 발달 과정과 아주 밀접한 관계를 맺으면서 전개되어 왔다.

근세 이후 뉴턴을 중심으로 한 고전역학과 유클리드 기하학의 체계는 객관성을 함축한 과학적 지식의 대표 주자로 간주 되었다. 이렇게 현대 과학철학의 근간이 되는 근대 자연철학의 중요한 목표 중에 하나는 과학적 지식의 가능성을 정당화하는 작업이었다. 또한 20세기의 비유클리드 기하학과 상대성이론 및 양자역학의 출현은 그러한 정당화 작업에 담긴 합리성 개념에 의심의 불씨를 당겼으며 과학에 대한 철학적 해석이 다양한 입장들을 동반하며 전개되었다.

사실 근대 자연철학의 한계가 현대 과학철학자들의 마음속에 자리 잡았지만, 19세기 중엽에 형성된 과학의 다양성과 역사 속의 역동성은 세간들의 큰 주목을 이끌지 못했다. 반면 과학의 세속화 여정, 즉 과학과 종교의 분리화 과정은 지나치게 과장되며 해석되었다.

이러한 과학의 세속화 여정은 형이상학이 과학과 양립 불가능하다는 관점으로 단순화되

| 20세기 가장 영향력 있었던 과학철학자 칼 레이먼드 포퍼

었다. 과학 작업과 발견의 배후에서 작용하는 형이상학적 지침서 개념, 다시 말해 대칭성, 보존량 개념 등은 초창기 현대 과학철학자의 담론에서 제외되었다. 과학자에게 과학이 경험적이라는 말은 경험을 통합 설명한다는 것을 지향하는 것이겠지만, 철학에서 그 말은 관찰 영역 속에 구속된 과학을 의미한다고 하겠다.

더욱이 과학은 관찰 영역 속에서 다른 분과와 분리된 자율성을 획득했다. 하지만 그 자율성은 오로지 철학에서만 의미 있을 뿐이다. 과학적 지식의 가능성에 대한 과거 자연철학의 담론은 과학적인 것과 과학적이지 않는 것의 경계 짓기 담론으로 전환되었고, 실제 과학 이론의 역사적 형성 과정과 발견의 메커니즘은 과학철학의 주제가 되지 못했다.

현대 과학철학의 주류는 20세기 귀납주의와 귀납주의의 비판자를 자처하는 칼 포퍼(Karl Raimund Popperr)의 반증주의라 할 수 있다. 포퍼에게 있어서 과학의 반증가능성은 과학과 과학 아닌 것을 구별하는 구획기준으로 제시된 주요개념이다.

사실 모든 가능한 사태가 하나의 이론과 맞아 들어간다면, 어떠한 현실적 사태, 관찰들, 실험 결과들이 그 이론을 지지하는 증거라고 말할 수 없다. 이를테면 어떤 과학이론이 참인 경우와 거짓인 경우의 경계점에 서있는데 관찰적 증거들이 그 차이를 마련해주지 못한다면 그 이론은 종국에 아무런 과학적 정보를 제공해 주지 못한다고 할 수 있기 때문이다. 따라서 그 이론이 반증이 될 수 있는 어떤 관찰적 증거의 가능성이 있을 경우 그리고 오직 그러는 경우에 한해서 그 이론도 시험가능하다고 할 수 있는 것이다. 역으로 말한다면 시험 가능한 이론만이 진정한 과학적 이론이 되는 것이다.

포퍼는 아인슈타인(A. Einstein)의 상대성 이론이 이제까지 아무도 생각지 못했던 관찰할 수 있는 효과가 무엇인가를 예측함으로써, 그 상대성 이론이 반증될 수 있는 조건을 분명히 하는 것에 관해 큰 감동을 받고 그것을 자신의 과학철학의 강한 모티브로 받아들인다.

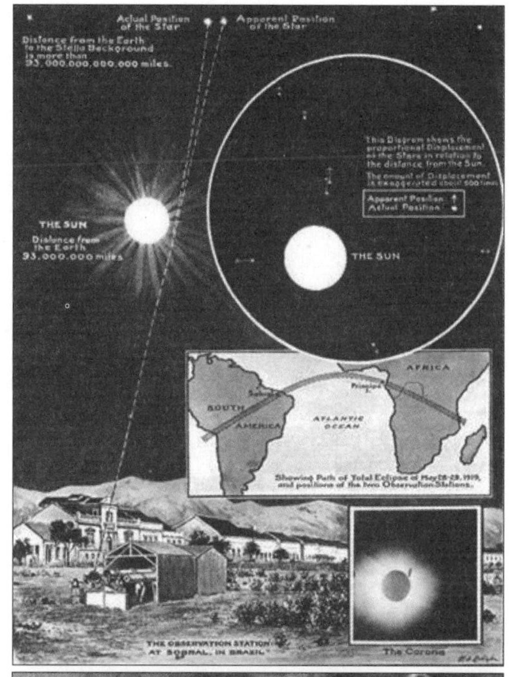

| 알베르트 아인슈타인(A. Einstein, 1879~1955)과 일반상대성 이론(상단)

일반상대성 이론은 무거운 물체가 빛을 끌어 잡이당긴다는 결론을 제시했다. 이러한 결론이 옳다면 태양의 근처를 통과하여 별에서 지구로 오는 빛은 태양의 중력에 의해 굴절되지 않을 수 없다는 점을 아인슈타인은 알았다. 정상적으로 낮에는 태양의 광채 때문에 우리는 그 별들을 볼 수 없다. 그러나 만일 우리가 볼 수만 있다면, 광선의 굴절 때문에 별들이 본래 제 위치와는 다른 위치에 놓인 것으로 우리에게 보일 것이다.

이와 같이 이론적으로 예상되는 위치의 차이는 검증될 수 있다. 낮에 빛이 굴절되는 경우에 별의 사진을 찍은 다음, 밤에 태양 광선이 비치지 않을 때의 별들의 사진을 찍어 대조해 보면 될 것이다. 이것은 훗날 에딩턴(A. S. Eddington)에 의해 실험되고 사실로 밝혀졌다.

포퍼의 과학철학은 우선 기존의 귀납주의자들의 검증 가능성의 원리를 여러 가지 근거에서 공격하면서 시작되었다.

첫째로 단칭명제(singular statements)가 경험적으로 검증할 수 있는가는 일단 논외로 치더라도, 과학적 법칙과 같은 전칭명제(universal statements) 등은 확실히 검증할 수 없는 것이었다. 따라서 검증 원리는 형이상학뿐 아니라, 자연과학 전체적 의미를 서술하는데 한계가 있다는 점이다.

또한 귀납주의자들의 검증 원리는 모든 형이상학이 의미 없는 것이라고 선언하고 있다. 하지만 과학사적으로 볼 때 과학은 형이상학-세계에 대한 미신적이고 신비적이며 종교적인 관념-에서 비롯되었다. 과거에는 시험할 수 없었던 것, 그래서 형이상학적인 관념에 불과한 것으로 간주되어오던 것들이 상황이 바뀜에 따라, 시험 가능한 것이 되고 과학적 대상이 될 수도 있다. 이런 경우에 해당하는 예가 바로 원자론, 지동설, 빛의 입자성, 전기 유체설 등이라 할 수 있다.

따라서 형이상학적 이론은 의미 있을 뿐 아니라 참일 수도 있다. 하지만 우리가 그것을 시험할 수 없을 때에는 그것의 옳음을 뒷받침하는 증거란 있을 수 없다. 따라서 그것은 과학적인 것일 수 없는 것이다. 그러나 설령 그렇다 하더라도, 경험적으로 시험될 수 없는 이론들도 비판적으로 논의되고 논증들이 서로 비교되면서 그 중에 보다 나은 이론이 무엇인지 가려낼 수 있다는 것이 포퍼의 자세였다.

하여 포퍼는 형이상학을 무의미하다고 내동댕이쳐 버리기보다는, 오히려 형이상학적 신념, 이를테면 자연에 있어서의 규칙성의 존재에 관한 신념을 자신도 가지고 있다고 선언한다. 또한 포퍼는 귀납을 중시하는 논리실증주의자들에 대해 "검증할 수 있는 명제와 동어반복적인 명제만이 의미 있는 것이라면 '의미'에 관한 어떤 논의도 의미 없는 명제를 포함하게 된다."라는 통렬하고도 결정적인 비판을 던진다.

이와 같은 반론에 대해 논리실증주의자들은 적절히 대처할 수 없게 되어 시간이 흐름에 따라 논리실증주의는 차츰 시들어가게 되었다. 초창기 논리실증주의자들은 포퍼를 자기들의 관점에서 이해함으로써, 그의 논점을 그릇되게 받아들였다.

포퍼가 그들에게 있어서 가장 중요한 문제를 가지고 논쟁을 벌였으므로 초기 논리실증주의자들은 포퍼를 자신들과 같은 종류의 철학자로 취급하였다. 논리실증주의자들의 주된 관심사는 과학의 언어에서 의미 있는 것과 의미 없는 것을 구별하는 데 있었으므로, 포퍼의 반론이 그들의 관심사에 대한 대안을 내놓는 것으로 그들은 이해했다. 하지만 포퍼의 과학철학을 이해하기 위해서는 두 차원에서 살펴볼 필요가 있었는데, 우선 위에서 논의한 검증가능성이 아닌 반증가능성이다.

포퍼에게 있어 진정한 과학적 방법론이란 결국 과학과 비과학을 구분 가능하게 해주는 구획 기준의 설정 문제라고 생각했다. 과학적 이론은 사실에 근거하여 확증되거나 개연적인 확실성을 얻을 수는 없지만 사실에 의해서 제거될 수는 있다. 따라서 참된 과학은 비판적 시험에 스스로를 내놓고 반증될 수 있는 가능성을 지녀야 한다는 것이다.

결국 반증가능성이 높은 과학이론이 그렇지 못한 과학이론보다 더 과학적이며 오히려 반증가능성이 없는 이론들, 예를 들어 마르크스의 이론, 프로이트 이론, 아들러의 심리학 같은 것들은 포퍼에게 있어 반증가능성이 없는 이론이므로 과학에 해당되지 않는다는 것이다.

이들의 이론은 이론을 향한 반박을 수용하지 않는 개념적 장치들로 자신들을 옹호하며 반증가능성을 낮춤으로 과학의 길을 포기하고 있는 것이다. 따라서 과학에서 중요한 것은 추측과 반증을 통한 진리 접근성의 그리고 대담한 추측으로 이어지는 과학방법론이라고 포퍼는 강조하고 있는 것이다.

이렇게 현대 과학철학의 중대한 주류가 되고 있는 과학적 논증에 관한 담론은 과학적인 것과 과학적이지 않는 것의 엄격한 구분을 전제하고 이루어졌다. 과학적인 것은 관찰 영역을 축으로 결정되므로 관찰 불가능한 존재자들에 대한 논쟁은 필연적 결과였다. 과학의 목적이 다른 분과와 구별되는 것은 당연하겠지만, 과학 이론의 역사적 형성 과정과 발견은 아니다. 과학적 논증과 과학적 실재론에 관한 담론에서 과학 발달의 역사적 역동성은 크게 다루어지지 않았다. 과학의 이론은 명제들의 추론 체계로 여겨졌고 실험과의 관계 속에서 주로 다루어졌다. 자연의 사실은 이런 검증의 토대로 전제되었고, 이러한 전제에 대한 반발은 과학적 실재론 논쟁에 불을 붙였다. 과학사는 그저 철학자의 특정 입장을 정당화하는 수단으로만 간주되어왔다.

이렇게 과학의 객관적 측면을 중시하던 논리실증주의는 시험가능성 원리에 대한 맹목적인 신뢰를 바탕으로 하여 20세기 전반의 과학철학을 풍미하다시피 하였다. 사실 이들의 내적 목표는 과학을 정형화하는 진정한 모델을 구축하는 것이었으며, 종국에는 진정한 의미의 과학이라고 규정할 수 있는 절대적인 과학상을 제시하는데 있었다.

하지만 20세기 후반을 지배하는 과학철학은 한결같이 이러한 절대적인 과학상에 회의를 던지는 쪽으로 모아졌다. 과학적 상대주의나 역사주의 그리고 다원주의의 형태를 갖추어 나타난 이들은 그 동안 경험주의를 위주로 해석되던 과학의 인식적 합리성에 강한 반발과 함께 경험을 모든 인식의 기초로 삼는 기초주의(Foundationalism)에 강도 있는 비판의 눈길을 던졌다.

특히 과학적 상대주의자들은 과학이론을 선택하는 기준에 관한 문제에 있어 형식적이고 논리적인 체계나 법칙을 강조하는 데서 벗어나 실제 과학의 역사가 인식적 합리성에 의한 방법만으로는 들어맞지 않는 부분이 많다는 점에서 과학이론의 선택 기준의 절대성과 객관성을 부정해 나아간다. 하지만 현대 과학철학에서 과학이론을 역사 속에서 발달하고 성장하는 체계로 파악하는 관점은 토머스 쿤(Thomas Samuel Kuhn)에게 크게 빚지고 있다. 그렇다고 해서 쿤이 지나치게 단순화된 과학의 세속화 여정의 관점을 벗어난 것은 아니다.

| 토머스 쿤과 그의 저서 『과학혁명의 구조』

오히려 쿤에 의해 과학적인 것과 그렇지 않은 것과의 경계 짓기는 인식론과 존재론의 담론에서 벗어나 과학 발달의 보편적 구조를 제공하는 역사적 담론 속에서 정착되었다. 이론에 대한 사실의 객관적 · 독립적 지위가 위협받은 이후, 과학의 발달이 우리를 진리로 유도한다는 관점은 통용될 수 없게 되었다. 과학 발달에 함축된 진보는 객관성과 진리 추구의 미덕을 전제하지 않고 구제되어야 한다는 성급한 결론이 철학자들에게 강박관념으로 다가왔으며, 쿤도 예외는 아니었다.

쿤은 과학이론의 법칙과 실험방법 등을 과학자 집단의 사회적 수용 방식으로 취급했으며, 그러한 법칙과 실험방법을 포함한 패러다임은 과학자들에게 풀어야 할 문제와 해답을 제공해 준다고 주장한다.

패러다임에 예외가 되는 사항에 관심을 갖는 과학자는 현명하지 못하다. 각 시대별 패러다임의 수명이 다해갈 때, 다시 말해 그것이 더 이상 흥미로운 문제와 해답을 제공해 주지 못할 때 비로소 과학자들은 반례와 설명되지 않았던 현상에 진정한 관심을 갖는다.

새로운 패러다임을 정착시키는 과학혁명이 도래하면, 과거 패러다임은 과학사 속에서 사라지게 된다. 패러다임에 의한 연구 과정으로서 정상과학과 새로운 패러다임이 형성되는 과학혁명 사이에는 정체 시기가 자리 잡는다. 이러한 과학 발달에 관한 쿤의 관점은 새로운 이론의 개념과 과거 이론의 개념이 서로 비교 불가능하다는 공약불가능성(Incommensurability)의 논제를 함축한다.

과학 철학자들 일부는 공약불가능성의 난제를 극복하기 위한 대안에 고심한 반면, 일부는 과학 자체를 사회적 구성물로 간주하는 시도에 쿤의 이론을 도입하였다. 따라서 쿤을 중심으로 하여 쿤 이전의 과학철학과 쿤 이후의 과학철학을 구분하는 유행이 생겨났다. 이들에게 존재하는 공통점이 하나 있는데 그것은 자신들의 이론 혹은 관점을 옹호하기 위해 과학의 역사적 사례를 사용한다는 점이다.

이러한 과학사의 규범적 사용은 과학 이론 형성의 역사적 인지경로를 무시한다. 과학 발달에 대한 쿤의 관점이 규범적 과학철학으로 인식되면서, 쿤에게 반하는 과학사의 사례와 과학자들의 발견 과정이 분석되었다. 결국 과학의 특정 분과를 관통하는 주제 찾기, 실험에서 조작의 의미를 강조함으로써 과학적 실재론을 구제하는 시도와 과학 발달 과정을 '선택'과 '변이' 라는 진화론의 개념에 유추해 풀어내는 시도가 발생하였다. 특히 진화생물학의 형성 과정은 여러 가지 이질적인 패러다임의 공시적이고 통시적 합성이기에 패러다임 전환에 의한 과학적 발전이라는 쿤의 구상에 일치하지 않는다.

쿤이 제시한 패러다임 전환이라는 과학혁명의 도식은 과학사를 초월한 보편적인 것이다. 과학이론의 형성과 발달은 단지 〈전 과학 → 정상과학 → 위기 → 혁명 → 새로운 정상과학 → 새로운 위기…〉라는 이러한 도식은 패러다임을 토대로 설명될 수 있다.

여기서 정상과학을 지배하는 것이 바로 패러다임인데, 쿤은 『과학혁명의 구조』 초판이 나온 이래, 그가 사용한 패러다임이라는 용어가 구체적인 과학적 성취에서 기구적, 이론적, 형이상학적 공약을 포함하는 믿음과 선입견들의 특징적 집합에 이르는 적어도 22가지의 서로 다른 용례가 있음을 인정한다.

결국 그에게 있어 패러다임은 두 가지 의미로 구별된다. 우선 매트릭스, 즉 어떤 과학자 집단이 공유하는 모든 공약이라는 총체적 · 일반적 의미이고 다른 하나는 특별히 중요한 종류의 공약 하나, 즉 일반적 의미의 부분집합인 예제라는 협의가 그것이다. 그의 이러한 도식은 주로 물리학사에 호소하고 있다. 과학 발달에 대한 쿤의 관점을 강하게 반박하기 위해서는 물리학이 역사에 의존한 방식으로 곧 물리학의 형성과 발달의 역사적 인지정도를 주적해야만 한다.

쿤은 과학기술에 대한 진정한 의미의 '종합적' 이해를 추구한 소수의 학자 중 한 사람이었다. 쿤은 대부분의 사람들에게 과학사학자로 알려져 있지만, 그의 지적 작업을 과학사나 과학철학 중 어느 한 분야로 분류하기는 어렵다. 쿤은 물리학을 전공하던 시절부터 물리학이나 그 당시 주도적 견해였던 논리경험주의 과학철학과 같은 특정 시각에 제한을 받지 않으며 과학에 대한 궁극적인 '진실' 찾기를 열망했다.

그의 지적 여정은 그런 열망을 실현시키기 위한 지속적인 노력을 보여준다. 그러므로 쿤의 과학관을 살펴보는 것은 과학기술의 다양한 측면에 대한 이해를 성공적으로 종합했던 한 사례를 살펴보는 일도 될 것이다. 그리고 이러한 사례를 통해서 현대 과학기술의 전반적인 모습을 파악하는 데 유용한 분석도구들을 얻을 수 있을 것이다.

과학기술문명과 환경문제

2부

제6장 과학문명과 과학적 권위

1. 들어가는 말

역사상 인류에게 일어난 가장 큰 축복이라 여기는 현대과학이 지금까지의 업적과 그 성취가 가능했던 것은 무엇보다도 과학자들의 탐구정신을 통해 우주의 신비를 하나씩 벗겨냈기 때문일 것이다. 그래서 그 성취의 견인차 역할을 해 온 과학자 집단이야말로 그 어느 집단보다도 합리적이라는 이유로 인해, 어떠한 권위적인 요소도 존재하지 않을 것이라고 생각한다.

그러나 이러한 기대와는 달리 오늘날 과학의 현주소를 되짚어 본다면 권위의 아성이라 일컬을 정도로 극단적인 전문화와 개별화의 나락으로 변모되어 가고 있는 실정이다. 특정한 권위로부터 인류를 해방시킨 과학이 이제는 또 다른 독단적 권위로 군림하고 있는 것이다. 그렇다면 우리는 이러한 변모된 과학의 권위를 어떻게 이해해야 하는가?

여기에는 과학의 권위가 갖는 이중성을 전제하고 있다. 그 하나가 '과학적 합리성'에 입각한 권위라고 한다면, 다른 하나는 변질된 혹은 훼손된 과학적 권위일 것이다. 문제가 후자에서 비롯됨은 두 말할 나위 없다. 이러한 변질된 과학의 권위는 과학 그 자체의 실제 내용과는 무관하게 그 형식이 어떤 영향력이나 지배력을 행사하게 된다.

이는 곧 과학적 합리성을 근간으로 하는 과학 고유의 권위에 의해 그 영향력이 행사되기보다는 과학적 합리성과는 무관한, 즉 과학 외적인 것에 의해 확보된 특권화된 과학의 권위에 의해 그 지배력을 행사하게 되는 현상으로 이해할 수 있을 것이다. 이른바 '신화화된 과학적 권위'라 부름직한 변모된 권위에 의해 지배된다는 것을 의미한다.

무엇보다도 과학이 우리가 살고 있는 이 시대의 정신을 대표하는 것으로 자리매김을 한 이후로 그 어떠한 사상과 방법론도 아직은 이를 대신할 수 없기에 권위의 상징이라는 꼬리표를 붙인다 해도 여기에 시비를 걸 사람은 아무도 없을 것이다.

그럼에도 불구하고 변모된 과학의 권위만큼은 극복되어야 한다고 했을 때, 과학과 비과학, 반과학과의 구분이 선행되지 않을 경우 진정한 과학의 권위가 무엇인지에 대한 가능성을 제시한다는 것 자체가 요원한 일일 것이다. 과학과 비과학의 경계를 마련하기 어렵거나 불가능하다는 과학계의 내·외적 공방이 끊임없이 있어 왔지만, 그 경계가 마련될 수 있는 근거는 '과학 외적인 것'이 과학을 대신할 수는 없다는 사실에서 비롯된다.

따라서 과학 외적인 것이 과학을 대신할 수 없는 이유와 근거의 제시를 통해 과학과 비과학 혹은 반과학과의 구분점이 마련되어야 할 것이다. 이를 위해 비과학적이고 반과학적인 경향에 대한 분석은 필수적이다. 이러한 일련의 논의를 통해 비과학적이고 반과학적인 시도가 갖는 허구성이 자연스럽게 드러나게 될 것이고, 이로써 진정한 과학의 권위와 그렇지 못한 과학의 권위에 대한 구분점이 마련될 수 있을 것이다.

이 장에서는 과학적 권위의 형성 과정에 대한 분석을 통해 과학적 합리성에 따른 과학 고유의 권위가 어떤 것이어야 하는지를 '비과학적' 이고 '반과학적' 인 경향과의 상관관계를 통해 규명함으로써 과학 영역에서의 진정한 권위가 어떤 것이어야 하는지를 따져 보고자 한다.[1]

이를 위해 동양의 신비주의나 사상이 적어도 과학적일 수 있다는 이른바 '새로운 과학적 세계관' 에 대해 비판적으로 검토함으로써 동양적 세계관이 그 자체로 고유한 가치와 정당성을 갖는다고 보아야 할 것에 대한 당위성을 제안하고자 한다. 이로써 진정한 과학의 권위가 갖추어야 할 조건이 적어도 과학과 비과학의 경계가 모호하다거나 혹은 허무는 방식을 통해 드러날 수 없음을 보이고자 한다.

2. 과학적 권위와 진리의 실재성

비형식논리에서 가장 쉽게 접하게 되는 오류 가운데 하나가 '부당한 권위에 호소하는 오류' 일 것이다. 이 오류에 따르면 특정 분야에서의 권위(권위자)가 주어진 상황과 무관함에도 불구하고 그 권위를 대치시킴으로써 오류를 범하게 되는 것으로 알려져 있다.

이 말은 역으로 부당한, 즉 사이비 권위가 아닌 진정한 혹은 참된 권위일 경우에는 오류가 아니라는 것을 의미한다. 이와 같은 오류를 범하지 않기 위한 조건으로 새먼(W. Salmon)은 다음과 같은 다섯 가지를 제안하고 있다.

첫째 잘못된 인용이나 잘못된 해석을 할 경우, 둘째 단순한 명성이나 매력 그리고 인기에 의존할 경우, 셋째 자신의 전문 분야가 아닌 것에 대해 판단할 경우, 넷째 자신이 증거를 확보할 수 없는 일에 대해 의견을 개진할 경우, 다섯째 권위를 갖는 의견들 간에 상호 불일치하거나 충돌할 경우 등이다. 이상의 다섯 가지 경우는 신뢰할만한 권위라고 할 수 없기 때문에 오류를 범하게 된다는 것이다.

이에 대한 이유로 새먼은 신뢰할만한 권위란 객관적인 증거를 토대로 판단이 이루어져야 한다는 점을 들고 있다.[2] 그러나 위의 조건을 통해 권위에 대한 형식적인 윤곽과 오류 여부를 판가름하기 위한 지침의 구실은 제공하고 있을지 몰라도, 참된 권위와 사이비 권위를 구분 짓는 명확한 기준이 될 수 있는가 하는 문제는 여전히 남게 된다.

이에 대한 답변을 위해서는 권위의 개념에 대한 보다 세부적인 논의가 요구된다. 굳이 사전적 의미를 들먹이지 않더라도 우리에게 직관적인 이해를 제공하는 '권위' 에 대한 생각은 선매권(preemptive), 구속력, 의존성을 근간으로 한 규범적인 주장들로 이해할 수 있다.

예를 들어 철수가 영희에게 돈을 빌려 쓰고 그것을 갚지 않아 영희가 소송을 제기한 경우를 생각해 본다면, 이에 판사가 철수에게 영희에게 빌린 돈을 갚으라고 판결을 내렸다고 하자. 이제 철수가 영희에게 돈을 갚는 이유에 대해, 선매권 주장이 말하는 바는 비록 철수가 영희에게 돈을 주어야 할 이유가 있었다고 하더라도 이제 철수가 영희에게 돈을 주어야 하는 이유는 판사의 판결에서 찾아야 한다는 것이다.

또한 의존성 주장이 말하는 바는 판사의 판결은 철수가 영희한테 돈을 꾸고서 갚지 않고 있다는 것과 같은 그와 관련한 이유에 근거해야 한다는 것이다. 여기에는 적어도 상대가 받아들일 수 있는 근거나 이유의 제시가 요구되는 이른바 어느 정도의 합리성을 전제로 하고 있다.

법률적 측면에서 보자면 소유물에 대한 소유자의 법적으로 보장된 임의적, 배타적 처분

권을, 정치적 측면에서는 자발적 존중과 인정을 바탕으로 한 권력에 정당성을 부여해주는 힘 혹은 능력으로 이해할 수 있을 것이다. 그렇게 보았을 때 '권위'를 '행위 주체의 탁월한 능력과 품성', '수용자의 자발적 수용 가능성', '법적 권한 혹은 권리', '정당성을 갖는 지위나 권력' 등으로 이해할 수 있을 것이다.[3]

막스 베버 역시 권위가 갖추어야 할 조건으로 세 가지, 즉 ① 전통적, ② 합법적-합리적인, ③ 카리스마적 지도력 등을 들고 있다. 그런데 과학적 권위는 특히 ②와 밀접하게 연관되어 있다. 이러한 논의의 맥락에 따른다고 했을 때, 과학에서의 권위는 실재(reality)의 반영이라는 차원에서 그 정당성이 확보되는 것으로 이해할 수 있을 것이다. 즉, 과학이 갖는 권위란 과학이론이 자연법칙을 객관적으로 반영한다는 사실에서 성립하는 것으로 받아들여도 큰 무리는 없을 듯하다.

오늘날 '과학적'이어야만 그 설득력을 인정받을 수 있고, 신뢰를 얻을 수 있다는 생각의 이면에는 마치 중세 때 신의 권능과 비견될 수 있으리 만큼 현재 우리의 삶 전 분야에 거쳐 과학이 그 영향력을 행사한다는 것을 전제하고 있다. 그렇다면 앞서 언급한 바에 따라 그만큼의 영향력을 행사할 수 있을 정도로 정당성이 확보되어야 한다는 측면에서 '과학적 권위'라고 불러도 결코 손색이 없을 것이다. 그런데 문제는 이러한 과학에서의 권위가 어디에서 비롯되었는가 하는 점이다.

역사적으로 권위는 그 말이 일반적으로 적용되는 정치, 법, 사회적 차원 이외에 신의 말씀, 우주를 관장하는 법칙 등 진리 개념과 밀접하게 연관되어 있었다. 시대의 변화에 따라 인간의 삶을 주도하는 권위가 어떻게 변해 왔든지, 그것이 '진리(truth)'와는 분리될 수 없었다.

그것이 신적인 것으로 상징되든, 규범과 법의 틀을 갖든, 지식과 과학의 틀로 정해져 있든 진리와의 연관 하에서만 그 정당성이 부여된다는 말이기도 하다. 그래서 금세기에 이르기까지 그러한 진리가 존재한다는 것에 대해 이의를 제기하는 경우는 거의 찾아보기 힘들다. 그런데 문제는 그러한 진리가 어떤 성격의 것인가 하는 것이다.

전통적으로 진리란 인간을 초월해 있다고 보았다. 그래서 우리가 그에 대해 어떻게 파악하는지의 여부와는 상관없이 이와는 별도로 존재하는 것이라고 생각해 온 것이다. 이에 따라 진리는 인간의 생각이나 인간 간의 상호규약 혹은 관습과는 독립적이고 객관적으로 성립하게 된다. 이와 같은 인식론적 가치와 관련하여 라카토스(I. Lakatos)는 다음과 같이 언급하고 있다.

> 한 이론의 인식론적 가치는 그것이 사람들의 마음에 미치는 심리적인 영향과는 아무런 관계가 없다. 신념이나 규약, 이해는 인간의 마음의 상태이다. 하지만 한 이론의 객관적, 과학적 가치는 그 이론을 만들어 내거나 이해하는 인간의 마음과는 아무런 관계가 없다. 이론의 과학적 가치는 그 추측이 실제로 가지고 있는 객관적 근거에 달려 있다.[4)]

이러한 진리의 실재성을 주장하는 철학자들은 그것이 시 · 공간의 제약을 받지 않는 즉 불변하는 것임을 또한 강조한다. 이 말은 곧 진리가 시 · 공간을 초월하여 모든 인류에 공통적으로 적용되는 보편적인 성격을 지닌다는 것을 의미한다. 그렇기 때문에 시 · 공간의 제약 없이 모든 인간을 지배하는 권위를 지닐 수 있게 되는 것이다.

그러한 권위는 곧 인간이라면 그가 언제 또한 어떤 공동체, 어떤 사회에 속하든지 간에 그에 따라 생각하고 행동해야만 하는 보편적인 진리의 실재성에서 비롯된다는 것이다. 물론 그러한 진리가 보편적으로 존재하는가 아니면 상대적인 성격을 지닐 수밖에 없는가에 대한 문제가 고대 그리스 이래 주된 논점을 이루어 온 것은 사실이지만, 그럼에도 불구하고 서구인들의 주된 답변은 인간의 판단과 평가와는 독립해 있는 보편적 기준이 실재한다는 것이 지배적이었다.

더 나아가 이와 같이 진리의 실재성과 보편성을 주장하는 서구인들 사이에서도 그 원천에 대해 엇갈린 견해가 있을 수 있는데, 물론 종교적인 성향을 갖는 사상가들에 따른 신으로부터 비롯된다는 진리관처럼 예외적인 경우가 있기도 하지만, 대체로 이성 그 자체만으로(경험의 도움을 받아) 진리를 파악할 수 있는 충분한 능력이 있다는 데 동의해 왔다.

말하자면 이성적이기 때문에 진리를 진리가 되게 하는 것이다. 그것이 자연을 초월하여 존재하거나 혹은 자연에 내재하는 것일지는 몰라도 그 이상의 존재, 즉 신에 의해 창조되는 것은 아니라고 본 것이다. 그래서 자연을 초월하여 혹은 자연에 내재적으로 실재하는 진리는 곧 겉으로 드러나 있지 않은 자연의 참모습, 즉 실재(reality)로서 그것은 시간에 구애를 받지 않는 영속적인 모습을 지닌다. 그렇기 때문에 자연의 참모습을 이성적으로 파악함으로써 얻어지는 과학적 진리 역시 시간의 흐름에 따른 변화를 겪지 않는다는 것이다.

플라톤의 경우 진리는 물리적 대상 세계인 자연을 넘어 존재한다고 본 반면, 아리스토텔레스에 따르면 진리는 자연에 내재할지 몰라도 그 이상의 존재에 의해 창조되는 것은 아니라고 보았다. 그렇지만 자연을 초월하여 혹은 자연에 내재적으로 실재하는 진리의 기준은 겉으로 드러나지 않는 자연의 실재로서 불변적이고 영속적이라는 점에 있어서만큼은 공통적이다.

다시 말해 과학적 지식의 정당성 여부를 가리는 기준의 실재성이란 시 · 공간의 제약 없이 보편적으로 성립한다는 것을 의미한다. 그렇기 때문에 시 · 공간의 제약 없이 우리를 지배하는 권위를 지닐 수 있는 것이다. 결국 과학에서 권위가 확보되는 것은 이러한 과학적 진리의 실재성에서 비롯된다고 볼 수 있다. 물론 이어서 제기될 수 있는 또 다른 의혹이 있다고 한다면, 그것은 "과학에서의 이러한 실재론적 진리관을 어떻게 이해할 수 있는가?" 하는 물음일 것이다.

이에 대해 과학적 실재론에서는 우리가 아는 한도 내에서 최선의 이론을 참인 것으로, 즉 실재에 대한 참된 기술로 받아들이는 것은 정당하다고 주장하는 반면, 또 다른 관점에 따르면 우리가 경험적으로 관찰가능한 세계는 아마도 일부분에 불과할지도 모르기 때문에 경험가능한 현상만을 받아들이라고 권고한다. 여기에는 이론이 우리에게 세계에 관한 진리를 제공한다고 볼만한 아무런 논리적인, 인식론적인 강제력은 없기 때문에, 과학이론의 목적이 진리획득으로 여겨질 필요도 없고, 이론들은 그것이 진리일 수 있다는 토대에서 평가되어서도 안 된다는 주장을 포함한다. 이와 관련한 논의는 이 글의 범위를 벗어나기 때문에 여기에서는 다루지 않을 것이다.

3. 신화화된 과학적 권위와 그 출구

일반적으로 '과학적' 이라는 말은 논리적이고 합리적인, 그리고 객관적이며 체계가 잘 짜인 것을 나타내는 반면, '비과학적' 인 것은 비합리적이고 비논리적이어서 믿기 어렵고 이해할 수 없는 것, 그래서 불가해하거나 신비로운 것을 의미한다. 그래서 합리적이고 객관적인 것은 비합리적이고 신비적인 것에 비해 우리에게 예측가능성을 보다 효과적으로 제공해 준다는 측면에서 적어도 유용성을 갖는다는 사실이다.

과학에 대한 우리의 신뢰 또한 바로 이러한 유용성에서 비롯된다. 이와 같은 과학의 유용성은 우리의 매력을 끌기에 충분할 것이고 '과학적' 이라는 말이 갖는 매력만큼이나 우리는 일상생활에서 '과학적' 이라는 말을 즐겨 사용한다. 이는 어떤 주장이나 이론이 제기되었을 경우 그것이 '과학적' 이라는 수식어가 붙는 오직 그 경우에 한해 받아들일 수 있다는 의미로도 해석할 수 있다. 그만큼 과학의 막대한 영향력 때문에 과학적이라는 수식어를 통한 문화가 형성되어 왔다는 의미일 것이다.

그렇게 보았을 때 과학의 영향력이 인간의 삶 모든 영역에 침투하여 그 시시비비(是是非非)를 가릴 수 있을 정도의 권위를 확보했다는 말이기도 하다. 여기에는 과학이 우리 시대의 정신을 대표한다는 의미뿐만 아니라, 어떤 문제 해결에 있어 과학만이 그 역할을 수행할 수 있고, 인간의 지적 수행에 있어 과학만이 진정한 의미의 진보를 가능하게 하고 또 가능하게 할 수 있는 유일한 분야라는 생각을 그 바탕에 깔고 있다.

과학의 권위가 확립될 수 있었던 것은 과학이론이 자연법칙을 객관적으로 반영한다는 사실에 기반하고 있다는 점은 이미 지적한 바 있다. 오늘날에는 '과학 즉 진리' 또는 '과학이론 즉 자연법칙' 으로 이해하고 있지만, 진리나 자연의 법칙에 관한한 과학의 배타적 권위는 상존한다.

또한 기존의 과학이 과학 이외의 지식에 대해 '비과학적' 이라고 규정지을 경우, 과학에서의 권위는 더욱 발휘될 것이고, 더구나 대안적 지식의 가능성이 원천 봉쇄되었을 때, 과학의 권위는 독단적이게 된다. 상대적으로 '비과학적' 이라는 말은 과학적이라는 말 만큼이나 과학적 권위의 형성을 가늠하는 척도가 되기도 한다.

더 나아가 권위화된 과학은 과학 그 자체의 실제 내용과 무관하게 그 외연이 사회적 영향력을 행사하기도 한다. 이는 곧 형식이 실질을 지배하는 현상으로 이해할 수도 있을 것이다. 이러한 과학의 권위는 현대 과학이 경제적 요인과 연결되면서 보다 효과적으로 부각되기도 한다. 이런 배경에서, 과학이 기술과 맞물려 경제적 이익을 극대화하려 할 경우, 이러한 시도에 근본적으로 반대하는 집단이 생겨나면 그들은 비과학적이라 폄하하게 된다.

따라서 경제적 가치를 선호하는 일반인들은 이 우월한 과학의 권위에 맹목적으로 추종하게 된다. 나아가 과학자 사회의 독립성 또한 과학의 권위를 강화한다. 이것은 일반 대중뿐만 아니라, 비과학도인 다른 학술 분야 종사자들 사이에서도 있을 수 있는 일반적인 현상이다. "비과학도들이 생각하는 과학자들은 대부분 어디까지나 피안의 세계에 속한 '그들' 이다." 라는 의식 등이 그것이다.

이와 같이 권위화된 과학에 대한 맹목적인 추종은 역으로 과학이 기득권 세력구조에 의해 도구화되고 수단화되어 간다는 것을 반증하는 것이기도 하다. 결국 이러한 상황의 전개는 일반인은 물론이고 지식인조차도 간과해버리는 신화화된 과학의 탄생을 의미한다.

과학의 신화화는 필시 누구에게는 이득이 되기 때문에 더욱 더 견고한 성역을 구축하게 되겠지만, 누구에게는 감히 접근하기조차 불가능한 상황으로 치달을 수 있다. 만일 그렇다면 과학이 이와 같이 과학 외적인 권위에 의해 지배받는 상황을 어떻게 이해해야 하는가? 단순히 현대 사회가 갖는 특징이라고만 이해하면 되는 것인가?

이 점에 대해 박우석 교수는 흥미로운 분석을 내놓고 있다. 그에 따르면 현대인의 삶에 있어 과학의 권위는 치명적으로 폭력적일 수 있다고 전제하고 이러한 문제의식을 보다 많은 사람들과 공유해야 할 것을 요구하고 있다. 이를 위해 그는 참된 권위와 거짓 권위를 구별할 경우 참된 권위를 갖는다고 하는 것이 얼마나 어려운지를 의료윤리학에서의 사례를 통해 절감하도록 함으로써 권위 개념에 대한 반성을 촉구하고 있다.

그는 과학에서의 권위가 단적으로 드러나는 사례로 의료윤리학에서의 부권주의(medical paternalism)적 경향을 지적하면서 이를 통해 의사가 갖는 권위주의에 대한 우리의 통념에 문제가 있음을 확인시켜주고 있다. 그의 언급을 직접 살펴보자.

> 우리는 위에서 참된 권위와 가짜 권위를 구별 짓는 기준을 찾는다는 것이 쉽지 않음을 보았다. 그러나 만일 그러한 구별이 애당초 가능하다면, 그것을 찾을 수 있을법한 분야로서 눈길을 돌리게 되는 곳은 분명 과학일 것이다. 왜냐하면 다른 영역의 권위와는 달리 지식의 영역, 특히 과학적 지식의 영역에서는 지식의 진위여부 등을 보다 객관적으로 판정할 수 있고, 그에 따라 권위의 소재를 가릴 수 있을 것이라는데 대부분의 사람들이 동의할 것이기 때문이다. 그러나 과학을 과학이 아닌 것들로부터 구별 짓는 과학의 본질적인 속성은 무엇일까? … 오늘날 그 누구도 과학이 누적적으로 진보한다거나 과학에 특유한 단 하나의 방법이 있다거나 경합하는 다수의 가설들 중 최선의 것을 찾는 객관적인 절차가 있다는 생각을 선뜻 받아들이려 하지 않는다. 라우단(L. Laudan)의 표현처럼 과학의 근본문제라던 소위 구획의 문제 자체가 어쩌면 붕괴했는지도 모르는 것이다. … 결국 끝끝내 포기할 수 없는 것은 과학이 우리 모두에게 합리성의 모델을 제시해줄 수 있으리라는 고집에 가까운 신념이다. 그런 관점에서 정작 문제는 과학과 비과학의 구획기준 문제가 철학적으로 의미 있는 것이냐 아니냐 하는 데 있다기보다는 오히려 실제 과학자들이 이러한 문제의 의미 또는 무의미에 관해 반성적 숙고를 결여하고 있다는 데서 찾아야 하지 않을까.[5)]

여기에서 박우석 교수는 인간의 모든 의미 있는 행위와 활동에 목표가 있기 마련임을 강조하면서 과학과 비과학의 기준 문제에 관해 침묵하는 것을 넘어 과학자 자신의 목표에 대해 반성조차 하지 않으려는 태도에 문제가 있음을 지적하고 있다. 물론 그가 현실적인 사례들을 통해 과학에서의 권위주의를 지적하고 있다는 점에서 시사해 주는 바가 있기는 하지만, 신화화된 과학적 권위를 벗을 수 있는 가능성을 '과학이 우리에게 합리성의 모델을 제시해 줄 것이라는 고집스러운 신념'과 '과학자 집단에 대한 반성적 숙고에 대한 촉구'로 그 해결점을 대신한다는 것은 그야말로 '나름의 신념'과 '촉구' 이상의 의미를 갖기 어려울 것이다.

왜냐하면 박 교수의 전제에 따라 신화화된 과학적 권위를 극복할 수 있는 방안을 마련하는 것이 과학과 비과학의 구분을 통해 가능하다고 했을 때, 과학과 비과학의 경계를 마련하는 것만이 그 해결의 실마리를 마련해 줄 수 있기 때문이다.

만일 과학과 비과학의 경계를 마련할 수 없다면 리차드 로티(R. Rorty)의 제안을 어쩔 수 없이 받아들여야 하는 상황에 직면할 수도 있다. 로티에 따르면 과학이 실재, 자연 또는 세계를 있는 그대로 그려내는 투명한 거울이라는 생각에 심각한 의문을 제기하면서 종래의 과학관에 대해 전면적으로 비판하는 회의주의적 관점을 취한다.

| 리차드 로티

로티는 종래의 과학관에 따른 과학이 갖는 특권적 권위를 부인함으로써 철학과 문화 전반에 거쳐 이러한 자신의 관점을 확장해 나가고 있다. 그는 과학이란 세상사에 얼마나 잘 대처할 수 있게 해주느냐에 따라 그 선택 여부가 가늠되는 수단 혹은 도구에 불과하며, 과학적 (언어) 활동은 메타포가 중요한 역할을 담당하는 자연 현상에 대한 해석의 집합체일 따름이라는

것이다.[6]

그런 점에서 그에 따른 과학은 신화나 미신 또는 종교적 믿음의 체계와 마찬가지로 자연의 힘에 대처하는 여타의 방법들과 다르지 않다는 그의 주장이 오히려 설득력 있게 비쳐지기도 한다. 그럼에도 불구하고 로티는 과학과 비과학을 구분지어 줄 철학적 기준을 갖는 것 자체에 대한 그 어떠한 모색에 대해서도 비판 · 회의적 입장을 취하고 있기 때문에, 성급한 판단일지는 모르겠지만 로티에게서 과학에 대한 합리성 모델을 제시해 주리라고 기대하는 것 자체가 사실상 어려울 것으로 보인다.[7] 이에 대해 로티는 다음과 같이 주장한다.

> …그러한 태도는 객관성을 상호주관성으로 대체하려는 인식론상의 반권위주의, 바꿔 말해서, 신이나 실재 또는 진리와 같이 초인간적인 존재에 대한 모종의 특권적 관계로 이해되는 객관성을 탐구라는 작업에 호기심을 가지고 있는 구성원들 상호간에 성립하는 자유로운 합의의 형태로 이루어진 상호주관성으로 대체시키려는 인식론상의 반권위주의와 함께하는 것이다.

과학에서의 권위 문제에 대한 로티식의 해법으로 가능한 답변을 찾기가 어렵다면, 과학 내부에서 답변을 모색하는 것 또한 가능한 대안일 수 있다. 여기에는 과학이란 언제나 개방되어 있다는 사실을 전제로 한다.

예컨대 과학의 핵심적인 특징으로 간주되어 온 '증명가능성' 혹은 '검증가능성'이 과학 내부에서 어떤 의미를 갖는가? 과거에 참인 것으로 검증 가능했던 사실이 현재도 여전히 그러한가? 등의 명제인데 결과를 놓고 보자면 '그렇지 않다'이다. 왜냐하면 이런 명제들은 얼마든지 거짓으로 판명날 수 있을 것이기 때문이다.

오늘날 우리는 뉴턴의 고전역학이 언제나 정상 패러다임을 유지할 수 없다는 사실을 잘 알고 있다. 그럼에도 불구하고 아직 대다수는 고전 패러다임 속에서 과학을 이해하고 있고 또 그 성역을 유지하려 한다.

말하자면 현대과학의 자연관이 바뀌었음에도 불구하고 이들은 여전히 전통적인 고정된 과학관에 따른 환원주의와 기계적 결정론으로 과학을 이해하고자 한다. 그럴 경우 그 권위가 여전히 유효한 것이라고 고집을 부린다면 여기에 시비를 건다는 것 자체가 아무런 소용이 없을 것이다.[8)]

원래 권위는 여타와 구분되는 성역이 요구되었고 지금도 여전히 그렇다. 그런데 흥미로운 것은 그 성역을 권위의 밖에 있는 사람들이 형성해주기도 한다는 사실이다. 물론 이것이 과학자 집단에 속해 있지 않은 일반인들이 과학에서 제공하는 유용성의 선호에서 오는 것일 수도 있겠지만, 과학에 대한 그들의 무지에서 오기도 한다. 이에 대해 김재권 교수는 다음과 같이 언급하고 있다.

> 과학의 무지에 대한 실례를 살펴보면, 지금까지 최소한 일반 대중에게 과학이 문화적으로 내면화된 것은 아주 제한되고 얕은 수준에 불과하다는 점이 분명해진다. … 상식적인 과학적 사실들이 무엇인가에 대한 무지라는 의미에서의 이러한 과학문맹은 그 자체로 경계할만한 일은 아니다.[9)]

여기에서 김재권 교수는 과학에 대한 일반인들의 무지가 그렇게 경계할만한 일은 아니며, 이는 얼마든지 극복될 수 있는 문제이기도 하거니와 그렇게 심대한 영향을 끼치지도 않기 때문에 더 큰 문제가 있다고 한다면 그것은 '비과학적' 혹은 '반과학적 태도'에 있다는 논점을 반영한다. 여기에는 과학자 자신을 포함한 과학자 집단 내부에서 혹은 반과학적인 태도로 무장한 과학지식사회학자들 사이에서도 반과학적인 태도가 지속적으로 전개되어 왔다는 사실이다.[10)]

이런 태도가 갖는 특징은 크게 '믿음의 근거에 대한 고려의 결여', '전통과 기존의 권위에 대한 맹목적 순종', '자신의 믿음을 합리적이고 비판적으로 검토하지 않는 자세', '믿음체계의 고착성', 나아가 '사회적인 관계에 따른 과학의 해석' 등을 들 수 있다. 물론 주어진 상황에서 합리적이고 비판적인 자세를 견지하기보다는 전통과 권위에 의존하는 것이 오히려 쉬운 일일 수도 있다.

그렇다면 이와 같이 손쉬운 일을 선택할 것인가? 혹은 세계는 불가사의한 영역이며, 그러한 영역의 바탕에 관해 우리 인간으로서는 도저히 알 도리가 없으며, 설사 알게 된다고 해도 현재 우리의 기대와는 전혀 다르게 나타날 가능성이 언제나 존재한다는 견해까지도 받아들여야 할 것인가?

인류 역사상 최고 지성들 일부에 의해 때로는 개인적 희생을 치르면서까지 수 세대에 거친 어렵고 고된 지적 작업과 실험을 통해 이룩해 온 과학적 성과를 단순히 세계를 이해하는 다양한 방식 가운데 하나쯤으로 여김으로써 일종에 신비적 명상 등에 의해서도 동등하게 얻을 수 있다는 견해를 어떻게 이해할 수 있을까?

수 세기를 거쳐 과학자들이 쌓아올린 절대적인 과학적 사실의 영역이 존재하는 한, 여타의 '참'과 '거짓'을 올바르게 적용할 수 없는 사이비 과학의 영역은 적어도 이와는 구분되어야 하지 않을까?

그렇다고 과학 이외의 여타 논의가 잘못되었다거나 받아들여서는 안 된다는 것을 말하자는 것은 아니다. 왜냐하면 세계를 이해하는 다양한 방식 또한 얼마든지 있을 수 있기 때문이다. 다만 우리가 추구하는 것이 물리적 세계에 대한 올바른 이해라고 보았을 때, 적어도 과학 외적인 것이 과학을 대신할 수는 없다는 사실이다.

과학에 대한 단순한(단편적인) 이해는 체르노빌 폭발사건이나 생태계의 파괴 등에 직면함에 따라 이를 극복할 수 있는 대안의 모색이라는 점 등을 들어 반과학적인 상황으로 몰아갈 수도 있다. 이런 상황에서 이를 동조하는 일부 과학자들 사이에서 과학이 실제로 논쟁의 여지가 많고 때로는 불확실하기 때문에 그 방향을 달리 설정할 수도 있지만, 그럼에도 불구하고 우리가 기댈 수 있는 혹은 기대야만 하는 대안이라는 점을 들어 일반인들을 향해 역설하기도 한다.[11]

그 이면에는 다음과 같은 측면이 깔려 있다. 즉, 머민(Mermin)의 지적에 따르면 과학이 갖는 권위를 나름의 관점에 따라 해석함으로써, 별다른 근거 없이 개인적인 이익이나 사회관계에 의거하여 과학 전체에 대해 평가절하 한다는 것이다.[12]

예컨대 20세기 초, 상대성 이론이 지닌 인식론적 기반은 매우 취약했으며 우리가 상대성 이론을 참으로 믿게 된 이유가 전적으로 과학자들이 자신의 사회적 이익에 합치되는 방식으로 행동했기 때문이라는 식으로 독자를 호도함으로써 과학의 권위를 약화시켜 과학도 사회적으로 논쟁적인 여타의 지식과 본질적으로 다를 바 없는 사회적 교섭의 산물이라는 결론으로 나아갈 수 있다는 그의 지적은 눈여겨볼만하다. 만일 이를 그대로 받아들일 경우 과학이 갖는 기존의 권위에 정면 도전하는 근거로 사용될 수 있음은 자명해 보인다.

4. 과학적 권위에 대한 도전과 대안의 모색

더욱 심각한 것은 과학자들 자신이 반과학주의의 심각한 원천이 되고 있다는 점이다. 몇몇 과학자들은 기존의 과학을 특정한 관점에 비추어 과학적 작업의 의미를 애써 축소시키고 있으며 그래서 대중적 관심을 불러일으키기도 한다.

| 프리초프 카프라(상단), 그의 저서 『The Tao of Physics』

이들은 새로운 과학운동의 제창과 함께 과학을 여러 신비주의에 비유하면서 자신들의 입지를 확보하거나 강화해 나가고 있다. 그 중 우리에게 가장 잘 알려진 사례 가운데 하나가 프리초프 카프라(Fritjof Capra)의 경우이다. 카프라는 그의 저서인 『현대물리학과 동양사상; The Tao of Physics』을 통해 국내외에 많은 영향을 주었고, 특히 국내의 경우 그의 입장은 유난히 환영을 받았으며, 최근까지도 꾸준하게 관심의 대상이 되고 있다. 그렇다면 이 저서에서 카프라가 주장하고자 하는 바는 무엇일까?

그것은 지금까지 현대 과학이 무시하고 있던 동양 신비주의(동양사상)가 매우 과학적이라는 것이다. 다시 말해, 카프라는 '정통 과학자의 권위'로서 지금까지 '비과학적'이라고 알려져 있던 인간 지식과 지혜에 '과학적 위상'을 부여한 것이다.[13)]

이러한 카프라의 사상은 신과학 운동의 연장선상에서 평가할 수 있는데, 기존 과학에 대한 비판이라는 측면에 비추어 그 특징을 요약하면, 서구과학이 지니는 인식 영역의 한계, 서구 기계론적 결정론과 분석주의 그리고 환원주의에 대한 비판 등을 들 수 있다.

카프라의 이러한 노력은 두 가지 시사점을 던져 준다. 하나는 사람들이 과학적 권위에 귀를 기울였다는 점이고, 다른 하나는 그 동안 비과학적이라고 치부되던 분야가 비로소 과학적 위상을 부여받았다는 것에 그들이 매우 만족했다는 사실이다.

카프라의 저서가 지대한 관심을 끈 이유 중의 하나는 그의 주장이 갖는 참신성 때문이기도 하겠지만 그가 정통 과학자 사회에서 인정받는 물리학자라는 것 때문이기도 하다. 말하자면 정통 과학자의 신(新)과학 제안이라는 이유에서다. 현대 지식체계의 최고 권위라고 할 수 있는 과학이 비과학적이라고 치부되던 지식 혹은 지혜의 분야에 과학적 위상을 부여함으로써 많은 사람들의 속을 후련하게 만족시킨 것이다.

사실 카프라가 말하는 동양의 지혜(신비주의)가 어느 정도 과학적인지 아닌지는 부차적인 문제일지 모른다. 그보다 중요한 것은 그것이 '왜 과학적이어야 하는지'에 관해 묻는 것이다. 여기에는 두 가지 질문을 포함한다.

"서구의 지적 결과물인 과학이 동양의 지혜와 맞바꿔치기 할 수 있다는 의미에서 과학적이라는 것인가?"라는 질문이 그 하나이며, "동양의 지혜가 굳이 과학의 잣대로만 평가되어야 할 대상인가?"가 두 번째이다.

우선 전자의 질문에 대해 '예'라고 답한다면 물리적 대상 세계에 대한 참된 이해를 과학이라고 했을 때, 동양의 지혜가 이를 대신할 수 있다는 의미일 것이다. '아니오'라고 답한다면 자연스럽게 후자의 질문으로 넘어가거나, 아니면 또 다른 식의 답변이 마련되어야 할 것이다.

'예' 에 대해서는 앞에서 어느 정도 그 답변이 이루어진 셈이다. '아니오' 에 대한 답변에서 후자의 답변으로 넘어가는 방식이 아닌 또 다른 방식으로의 답변은 여기에서 가늠하기 어렵다. 얼마든지 다양한 답변이 제시될 수도 있을 뿐만 아니라, 본 논의의 목적과도 거리가 있기 때문이다.

여전히 문제로 남는 것은 동양의 지혜가 과연 과학의 잣대로 평가될 필요가 있는가? 하는 점이다. 특히 국내의 경우 카프라의 주장을 통해 비로소 동양의 지혜가 과학적인 것이 되었다는 점에서 환호를 보내긴 했지만, '왜 그래야만 하는지' 에 대한 물음에 대해서는 별다른 논의가 없는 것으로 보인다.

동양의 신비주의든, 사상이든 그것이 과연 과학적 위상을 부여받을 필요가 있을까? 말하자면 그것이 새로운 과학의 범주에 들어갈 이유가 있는가 하는 것이다. 굳이 그럴 필요가 있을 것 같지는 않다. 왜냐하면 그것은 과학적 위상을 부여받을 필요 없이 그 자체로 고유한 가치를 갖기 때문이다. 즉, 그것이 과학적이거나 비과학적이거나 상관없이 그 나름의 고유한 가치를 갖는다는 말이다.

동양사상가의 입장에서도 역시 그럴 것이다. 동양사상이 임의로 과학에 포섭되는 것에 대해 경계해야 하지 않을까? '동양적인 것' 은 서양 과학에 포섭되지 않는 것으로 오히려 그 이상의 가치를 지닐 수 있다. 그런 점에서 동양학자의 입장에서 카프라의 주장은 환영의 대상이라기보다는 오히려 경계의 대상이자 세심한 주의의 대상일 것이다.

카프라가 시도한 것은 서구 과학에 대한 진지한 혹은 진정한 반성이라기보다는 동양 신비주의에서 과학성을 발견하려는 것이다. 나아가 그것을 과학의 새로운 발전 가능성을 위한 포섭의 대상으로 본 것이다.

무엇보다 중요한 것은 고유성과 다양성의 관점에서 조망할 수 있어야 할 것이다. 동양의 신비주의든, 동양 사상이든 기존 과학적인 것에서 벗어나 있는 것들이 과학적 위상을 획득하고 과학에 포섭된다는 것은 획일성을 조장하는 결과를 초래하기 때문이다.

모든 것에 대해 과학적 위상을 부여하는 것은 고유성, 다양성의 상실을 의미한다. 이는 신과학적 경향에도 그대로 적용되는데, 다양한 인간의 지식과 지혜, 아이디어 등이 어떻게 해서든지 과학적 위상을 획득하고자 할 때 고유성, 다양성은 상실된다.

문학, 철학 등 인문학적 사고를 비롯한 인간의 지식 및 예술적 감각은 어떤 형태로든 과학과 연관되어 있다. 하지만 그것이 곧장 과학적이라는 것을 의미하지는 않는다. 더구나 과학적이어야 할 이유조차도 없다. 다양성의 차원에서 그 나름의 고유한 가치를 지닐 따름이다.

과학 또한 과학 나름의 고유한 방법론이 있기에 실재의 반영이라는 과학의 목표에 따라

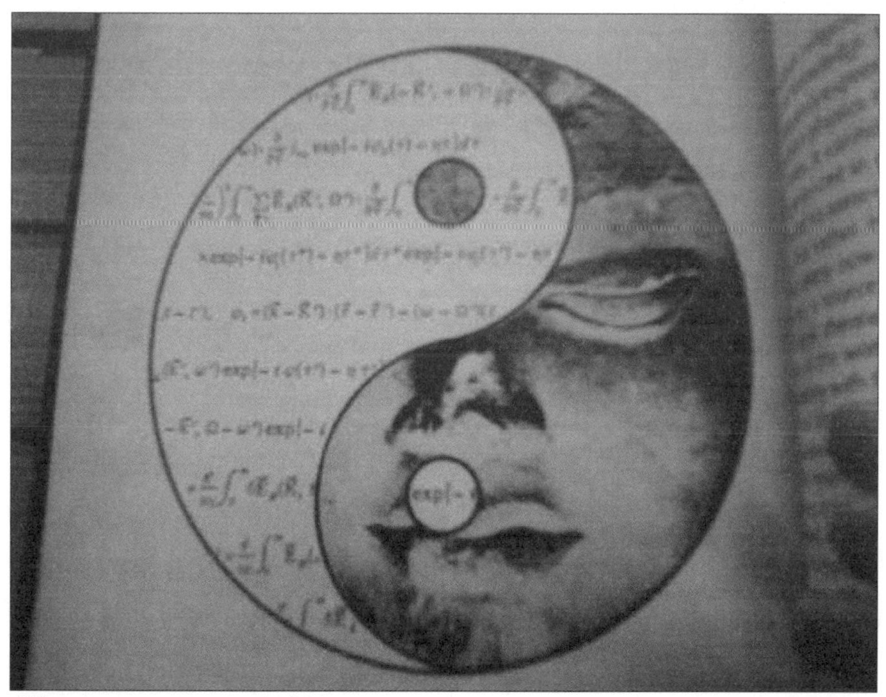

Ⅰ 『The Tao of Physics』의 내용 중에서

과학적 합리성은 모색될 수 있다. 과학적 합리성과 관련한 논쟁적 언급은 본 논의에서 범위를 벗어나기는 하지만, 이중원 교수의 주장을 통해 이에 관한 몇몇 특징은 짚어 볼 필요는 있을 것 같다.

그에 따르면, 오늘날 과학적 합리성에 대한 옹호는 대체적으로 도구적 합리성을 강조하지만, 전통적인 의미의 강한 합리성보다는 온건한 합리성을 내세우면서 이를 뒷받침해 줄 근거를 찾는 데 주력하는 것으로 평가하면서, 이는 사실상 과학의 합리성과 관련하여 지나치게 논리적으로 형식화한 부분을 과학의 실제적인 모습을 통해 조율한다는 측면에서 의미 있는 작업이라고 보고 있다. 즉 논리적 규범성이 강한 '형식적 합리성' 의 틀을 벗어나 과학적 합리성을 인식과정 영역으로 확장하여 분석함으로써, 이러한 조율을 시도하려는 하나의 작업이라는 것이다.

말하자면, 과학 활동이 어째서 합리적인가를 이해하기 위해 도구적 차원에서 이루어졌던 과학이론의 논리적 구조에 대한 분석을 과학이론의 인식적 구조에 대한 분석으로 확장하여, 과학이론을 통한 자연인식 과정의 전반적인 모습을 그려내고 그 안에서 과학 활동이 지닌 도구적 합리성의 근거를 찾아내려는 것이라고 한다.[14)]

5. 나오는 말

지금까지 과학적 권위가 갖는 이중성을 전제하고 진정한 과학적 권위를 조건 짓기 위해 특권화 된 과학의 권위가 갖는 허구성을 비과학적, 반과학적 경향에 대한 비판으로부터 다각적으로 조망하면서 과학 외적인 것들이 그렇듯이 진정한 과학의 권위 역시 그 고유한 방법론에서 비롯되어야 한다는 것에 대해 살펴보았다.

그 과정에서 과학에서의 진정한 권위와 사이비 권위를 구분할 수 있는 관건은 과학과 비과학의 경계를 마련함으로써 가능하다는 사실과 함께, 과학과 비과학의 구분에 대한 비판적 시각, 과학에 대한 단순한 이해, 특히 과학자 자신에게서조차 반과학의 원천이 된다는 사실을 확인할 수 있었다. 따라서 이를 통해 드러난 성과를 세 가지로 요약해보면 다음과 같다.

우선 과학과 비과학을 구분지어 줄 철학적 기준에 대해 비판적, 회의적 입장을 취하는 로티식의 입장에 따를 경우 과학에 대한 합리성 모델을 제시해 주리라는 기대는 사실상 어렵다는 점과, 과학지식사회학이나 사회구성주의에 따른 반과학적 경향 또한 과학이 갖는 권위를 나름의 관점에 따라 해석함으로써, 별다른 근거 없이 개인적인 이익이나 사회관계에 의거하여 과학 전체에 대해 평가절하하게 되는데, 여기에는 과학과 비과학의 경계를 허물어버리려는 의도에서 비롯된 것임을 알 수 있었다.

마지막으로 동양의 신비주의가 매우 과학적이라는 카프라의 주장이 과학을 동양의 지혜와 맞바꿔치기 할 수 있다는 주장과 동치라고 했을 때, 동양의 지혜가 왜 과학적이어야 하는지에 대한 이유에 관해 물음으로써 그것이 과학적 위상을 부여받을 필요 없이 그 자체로 고유한 가치를 갖는다고 보고, 이와 마찬가지로 과학 역시 그렇다고 답함으로써 과학적 권위가 갖는 본질적인 측면을 다각적으로 확인할 수 있었다.

물론 이와 같이 제시된 답변으로 앞의 물음에 대한 충분한 답변이 이루어졌다고 생각하지는 않는다. 그럼에도 불구하고 의미 있는 성과가 있었다고 한다면, 그것은 과학 외적인 것이 과학을 대신할 수 없다는 사실을 확인함으로써, 과학에서의 권위가 어떤 것이어야 하는지에 대한 개괄적인 윤곽을 그릴 수 있었고 이를 통해 진정한 과학적 권위가 어떻게 확보되어야 하는지에 대해 알 수 있었다. 물론 이에 대한 세부적인 논의나 체계적인 답변은 다각적으로 모색되어야 한다.

나아가 과학적 권위에 대한 기존의 성과가 본격적인 철학적 문제로 부각되고 있지 못하다는 점에서 아쉬움이 남기 때문에, 오히려 이후에 이와 관련한 많은 논의의 장이 마련될 수 있을 것으로 기대된다. 더구나 국내의 논의가 아직은 불분명하고 산발적이라는 측면을 감안한다면 여기에 요구되는 논의를 보다 확장시킬 필요가 있다.

제6장 주해

1) 지금까지 과학적 합리성을 둘러싼 논의는 산발적으로 있어 왔지만, 과학에서의 권위를 명시적으로 언급하고 있는 국내의 논의는 박우석 교수의 「과학과 권위주의」(1997) 그리고 이와 어느 정도 연관성을 갖는 리차드 로티의 「反권위주의로서의 실용주의」(1996)가 그나마 확인할 수 있는 것들이다. 하지만 이것도 과학에서의 권위 문제에 대한 본격적이거나 심도 있는 논의라고 보기는 어렵다. 말하자면 과학을 권위의 문제와 막연하게 연관 지어 다루는 차원에 머물고 있기 때문에, 과학적 권위의 개념이라든가 과학적 권위의 원천과 그 성립 배경 등으로부터 시작하여 이를 둘러싼 논쟁에 관한 직접적인 언급이라고 보기는 어렵다.

2) W. C. Salmon, Scientific Explanation and the Causal Structure of the World (1984)., p200~207.

3) 권위의 개념에 대한 분석적인 논의는 "Authority", Encyclophedia of Philosophy, Macmillan Reference USA, Simon & Schuster Macmillan 참조.

4) Lakatos, I., The Methodology of Scientific Research Programmes, p6 참조.

5) 박우석(1987), 「과학과 권위주의」 199~210쪽 참조.

6) 김동식, 『로티의 신실용주의』 참조.

7) 김동식(2002), 이유선(1997) 참조.

8) 과학사상사적 맥락에서 과학의 권위와 과학-문화적인 관점과 연관된 논의로 눈여겨 볼만한 것이 있다면 캘리포니아대학 사학과 김미경 교수의 "On Cognitive Authority and it's Establishment"라는 논문이다. 그녀는 여기에서 실증주의적 과학철학의 중요한 두 기본개념인, 즉 보편적 합리성과 독립적 실재를 새로운 관점에 따라 재검토하면서, 문화의 구성적 및 상호작용적 부분으로서의 과학의 새로운 이미지를 제시하기 위해 쿤, 플렉, 매킨타이어의 논의를 상보적으로 종합하고 있다.

9) 김재권, 「과학기술에 관한 철학적 성찰: 과학, 반과학 그리고 과학적 세계관」(1995), 92쪽 참조.

10) 과학지식사회학(Sociology of Scientific Knowledge)이 갖는 특징 가운데는, 사회과학의 경험적 연구방법을 과학자 사회나 과학과 관련된 제도적 측면만이 아니라, 과학지식의 분석에도 적용하여 모든 것을 개인이나 집단의 이익관계로 환원시켜 설명하려는 입장이 그 하나이고, 다른 하나는 과학지식이 사회적으로 구

성된다고 주장함으로써 인식론적 상대주의를 부추긴다는 비난을 면할 수 없다는 점 등을 들 수 있다. Collins, & Pinch (1998), 이상욱(2004), 「대칭성과 구성성: 과학지식사회학의 딜레마」 참조.

11) 이는 과학지식이 사회적으로 구성된다는 과학지식사회학의 논지를 담고 있다. 즉, 과학지식은 과학연구활동에 종사하는 연구자들의 연구활동을 통해서 존재하지 않았던 것이 새롭게 만들어지며, 끊임없이 그 내용이 바뀐다는 것이다. Hacking (1999) 참조.

12) Mermin, David N., "Conversing Seriously with Sociologists" 참조.

13) 최종덕, 「신과학운동의 평가와 전망」, 이성범, 「현대의 사상: 카프라의 신과학 사상」 참조.

14) 이중원, 「현대물리학의 자연인식 방식과 과학의 합리성」, 76~79쪽 참조.

제7장 현대 과학기술 문명의 위기와 환경문제

1. 현대 과학기술 문명

현대문명의 본질이 과학과 기술을 기반으로 하고 있다는 점에서 현대문명을 과학기술 문명이라 칭해도 큰 무리는 없을 듯하다. 이는 곧 과학기술의 힘이 현대인의 삶에 있어 물질적인 영역 뿐 아니라, 정신적인 영역에 이르기까지 깊숙이 침투해 있음을 의미한다.

지난 수 세기 동안 과학기술이 제공한 물질적 풍요에 대한 경험을 통해 과학기술의 힘은 무한한 것처럼 여겨지고 있으며, 앞으로도 인간의 존립을 위해 과학기술은 필수 불가결한 것으로 여겨지고 있다는 점에서 아마도 이에 견해를 달리할 사람은 없을 것이다. 왜냐하면 현대문명이 과학기술을 근간으로 하고 있다는 점에서 과학과 기술을 현대문명에서 배제해 버린다면 그 존립기반 자체를 상실해버리고 말 것이기 때문이다.

| 현대 과학기술 문명의 대표적 산물 인공위성

일반적으로 '과학적'이라고 했을 때, 이 말이 의미하는 바는 논리적이고 합리적인 그래서 객관적이며 체계가 잘 짜인 것을 나타내는 반면, 비과학적이라는 말은 비논리적이고 비합리적이어서 받아들이기 어렵고 이해할 수 없는 것, 그래서 불가해하거나 신비로운 것을 의미한다.

이 말은 결국 합리적이고 객관적인 것이 비합리적이고 신비적인 것에 비해 예측가능하다는 측면에서 적어도 우리에게 유용성을 제공해 준다는 사실이다. 과학에 대한 우리의 신뢰 또한 바로 이러한 예측가능성에 따른 유용성의 제공에서 비롯된다. 이와 같은 과학의 유용성은 우리의 매력을 끌기에 충분할 것이고 '과학적'이라는 말이 갖는 이러한 매력만큼이나 우리는 일상생활에서 과학적이라는 말을 즐겨 사용한다.

이는 어떤 주장이나 이론이 제기되었을 경우 그것이 '과학적'이라는 수식어가 붙는 오직 그 경우에 한해 받아들일 수 있다는 의미로도 해석할 수 있다. 그만큼 과학의 막강한 영향력 때문에 과학적이라는 수식어를 통한 문화가 형성되어 왔다는 의미로도 해석할 수 있다.

그렇게 보았을 때 과학의 영향력은 인간의 삶 모든 영역에 침투하여 그 시시비비를 가릴 수 있을 정도의 위력을 갖는 것으로 받아들일 수 있다. 여기에는 과학이 우리 시대의 정신을 대표한다는 의미뿐만 아니라, 어떤 문제 해결에 있어 과학만이 그 역할을 수행할 수 있고, 인간의 지적 수행에 있어 과학만이 진정한 의미의 진보를 가능하게 하고 또 가능하게 할 수 있는 유일한 분야라는 생각을 그 바탕에 깔고 있다.[1]

그런데, 다른 한편으로는 우리에게 물질적 풍요를 제공한 바로 그 과학에 의해 우리의 존재기반을 상실할지도 모를 위기에 직면하는 아이러니한 현상이 벌어지고 있다. 과학의 발달과 그 기술적 적용에 따른 자연 자원의 무차별한 남용이 그것인데. 이는 결국 자원의 고갈과 환경파괴라는 상황으로 치닫게 되고, 나아가 우리의 삶의 터전인 자연을 상실할지도 모르는 위기에 직면해 있는 것이다.

오늘날 자원고갈, 환경오염, 생태계의 파괴 등으로 인간을 포함한 생명체의 존재 기반인 환경이 급속도로 변하고 있고, 수많은 생명체들이 사라져가고 있다. 이처럼 파괴, 오염되어 가고 있는 자연에서 인류가 미래에도 과연 존속할 수 있을지 의문시되고 있다.

환경은 생명체의 존재기반이다. 게다가 생명체가 연속성을 갖기 위해서는 최적의 '표준환경(standard-environment)' 이 요구된다. 자연의 일부로서의 인간 역시 생태학적 측면에서 보았을 때 지구상의 어느 생물종보다 매우 높은 생태적 의존성을 지닌다는 점에서 수많은 제약조건을 지닌 존재임에 분명하다.

| 온실가스와 이산화탄소 배출 등 인간의 무분별한 환경파괴가 결국 지구온난화와 같은 급격한 기후 변화를 불러오게 했다(출처: princeton.edu).

그렇다면 환경문제와 관련해 과학적 접근방식에 있어 사실과 가치, 존재와 당위 등을 분리하려는 태도는 적어도 생명체의 존속이라는 차원에서 결코 올바른 접근 태도가 아니라고 생각한다. 뒤집어 말하면 환경문제에 관한 한 사실에 근거를 두되 가치적 측면이 동시에 고려되어야 한다는 것을 의미한다.

이 장에서의 목적은 과학기술에 대한 무한한 신뢰와 우리의 존재기반을 상실할지 모르는 환경문제와의 딜레마적 상황에서 과학기술을 어떻게 이해해야 할 것인가에 대한 가능한 대안을 과학의 본성적 측면에 초점을 맞추어 해명하는데 있다. 이를 위해서는 과학에 대한 본성 규명과 함께 과학의 기술적 적용이 어떠한 상황을 초래하는지 그리고 환경문제에 대한 근본적인 해결책을 위한 합리적인 진단이 선행되어야 할 것이다.

2. 과학의 본질과 과학적 방법론

2.1 과학과 이성주의

과학은 자연에 대한 우리의 정당화된 신념(justified belief)이다. 그래서 자연에 대한 정당화된 신념으로서의 과학은 그것을 확보할 수 있는 인간의 능력을 허용하는 경우에 한해 성립하게 된다. 이른바 자연의 진리를 인식할 수 있는 인간의 이성적 능력을 인정하는 경우에 한해 비로소 과학이 성립될 수 있다는 말이다.

이성과 자연 그리고 자연에 대한 이성적인 앎을 전제하지 않고서는 과학의 성립 자체가 불가능하다. 이에 관한 보다 구체적인 이해를 위해서는 과학의 본성(nature of science)적 측면에 대한 해명이 선행되어야 할 것이다. 이에 현대과학이 근대과학에 그 근원을 두고 있다고 했을 때, 서구 근대과학이 갖는 본질적인 측면과 중세와의 불연속성하에 대두된 배경에 대한 고찰은 필수적이다.

근대과학자들은 인간의 이성적인 능력이 아닌 신의 은총에 따른 신앙에 의거해 신의 섭리와 지혜를 추구할 것을 역설한 중세의 신학자들을 정면으로 비판하면서 이성의 우위를 강조하게 된다. 물론 자연에 대한 진리 인식의 근거라 할 수 있는 보편성과 영속성을 확보해 내는 것이 관건이기는 했지만, 그럼에도 불구하고 근대 철학자들은 이성의 재발견이라는 방식을 통해 그 가능성을 끊임없이 타진하게 된다.

이러한 이성의 재발견은 중세 말기의 신학자인 토마스 아퀴나스(T. Aquinas)에서 비롯된 것으로 보이는데, 그에 따르면 자연에 대한 진리를 확보할 수 있는 중요한 인간의 능력으로 이성의 역할에 큰 비중을 둔데서 비롯된다. 아퀴나스의 이러한 입장은 이후 자연에 대해 지대한 관심을 기울이기 시작한 근대 철학자들로 고스란히 이어지게 된다.

아퀴나스를 비롯한 이러한 중세의 주지주의적 견해는 근대 합리론자들에 의해 인간과 자연에 관한 모든 문제를 인간 스스로의 자력으로 해결할 수 있을 것이라는 근대 이성주의적 과학관으로 발전시키는 원동력이 된다.[2)]

| 토마스 아퀴나스(T. Aquinas, 1224~1274)

과학혁명을 주도한 서양 근대의 과학자들은 과거 중세 때 신의 위치에 인간의 '이성'을 대치시키게 된다. 말하자면 진리 인식의 기준과 가치 판단의 기준이 신의 영역에서 인간의 영역으로 전환되었다는 것을 의미한다. 이제 신은 인간의 이성에 의해 중심의 자리에서 밀려나게 되었으며 진리 인식의 기준이자 가치 판단의 기준이 되는 신의 섭리는 단지 믿

음의 대상이 되는 한에 있어 더 이상 인간에게 불필요하게 되었다.

결국 중세의 몰락과 함께 대두된 서양 근대의 이성 중심주의는 개별적인 인간의 의식에 주어진 것 혹은 그에 기초한 것만을 인정하려는 생각을 인간의 모든 사고영역에 침투시키게 된다.

플라톤에 의하면 존재하는 세계를 인간이 속한 현상계와 이를 넘어선 이데아계로 구분하고, 끊임없이 변화하는 현상세계와 변치 않는 것으로서의 기하학 등과 같은 모델이 갖는 성격에 착안하여 그것을 초월하여 존재하는 세계, 즉 항구적이고 영원불변하는 세계로서의 실재가 있다고 보았다. 그렇지만 여기에서 보편성과 영속성을 지닌 절대적 권위라고 하는 것은 현상계가 아닌 이데아계에 속한 것이라고 생각했다.

반면 아리스토텔레스는 다양성과 변화를 특징으로 하는 현상계 배후에 놓인 어떤 불변적이고 안정적인 실재(reality)의 영역이 존재한다고 생각했다. 겉으로 드러난 자연의 모습, 즉 우리에게 드러나 보이는 자연은 끊임없이 변하는데 반해 자연의 본 모습으로서의 실재는 불변하며 영속적이다. 게다가 그러한 자연의 참모습은 인간라면 누구라도 동일하게 파악할 수 있다고 본 것이다. 왜냐하면 모든 인간은 자연의 진상을 파악할 수 있는 능력인 이성을 보편적으로 지니고 있기 때문이다.

그리고 언제나 변화하는 자연에 대한 정보를 확보하는 능력이 우리의 감각지각에 있는 반면, 자연을 초월하여 있는 실재 세계에 관한 지식을 인식할 수 있는 능력은 바로 우리의 이성이라고 생각했다. 그 이유로 이성은 불멸하는 영혼의 활동이라는 측면에서 불변하는 세계에 속하는 대상에 관한 사실을 인식할 수 있기 때문이라는 것이다.

이러한 플라톤 및 아리스토텔레스의 유산은 시대를 달리하여 근대 자연과학자들로 이어지게 되는데, 특히 그들은 이들의 견해에 비추어 자연의 다양한 변화 가운데서 변하지 않는

라파엘의 아테네 학당. 정중앙 왼쪽에 있는 사람은 플라톤이고, 오른쪽 사람이 아리스토텔레스이다. 플라톤은 오른손이 하늘을 향하고 있는데 이는 그가 천상의 이데아를 지향했기 때문이고, 반면 아리스토텔레스의 손바닥은 땅을 향하고 있는데 이는 현실의 문제를 놓고 철학을 했던 아리스토텔레스를 표현한 것이라고 한다.

어떤 영속적이고도 안정적인 것을 찾고자 했다. 그들은 그러한 안정적인 요소를 자연이 변화하는 방식 속에서 발견해 내게 되는데, 즉 자연은 변화하지만 그 변화하는 방식만큼은 어떤 일정한 법칙에 따라 변화한다는 점에서 안정적이고 일정하다는 것이다. 따라서 근대의 과학자들은 인간의 '이성적 능력'을 통해 자연의 전 영역에 거쳐 성립하는 그러한 법칙을 찾고자 했으며 그에 따른 결과 수많은 자연법칙들을 발견하게 된다.

20세기에 이르기까지 과학자들의 일반적인 믿음은 자연에는 우리가 지각하는 개별적인 사물들 이외에도 일정한 자연법칙이 실제로 존재하며 그러한 자연법칙을 찾아내고 또한 이를 기술하는 것이 과학적 작업의 핵심적인 부분을 이룬다는 것이었다.

감각적으로 지각할 수 있는 개별적 · 물리적인 사물들은 자연법칙의 틀에 넣어 정리할 때 한하여 인간의 통제 하에 놓이게 된다. 자연법칙은 자연의 영속적인 측면으로 감각에 의해 지각되는 것이 아닌 오직 이성에 의해서만 접근 가능하다. 그렇다고 해서 자연법칙이 이성적인 통찰에 의해 한 순간에 얻어지는 것은 물론 아니다. 자연에 대한 우리의 지식은 이성이 어떤 일정한 방식에 따라 접근해 나가는 경우에 한해 확보될 수 있다.

2.2 과학적 방법론 – 과학은 누적적으로 발전하는가?

변화하는 자연의 법칙에 대한 탐구가 비단 과학자들만의 몫은 아닐 것이다. 그러나 근대의 과학자와 과학철학자들은 과학자들만이 사용한다고 생각되는 방법, 즉 '과학적 방법' 에 의해 과학자들의 작업과 과학자가 아닌 다른 부류의 사람들의 지적 작업과 구분할 수 있다고 생각했다.

다시 말해 자연과 교섭하며 자연에 관한 이론을 수립함에 있어 오직 과학자들만이 따르는 일정한 규칙(과학적인 규칙)이 존재한다는 것이다. 또한 과학자들이 그러한 방법 내지는 규칙에 따라 이론을 수립하고 실험을 고안하며 그렇게 고안된 실험에 의해 이론을 평가한다는 사실에 의해서만 근대의 과학이 왜 그처럼 성공적인 결실을 거두고 있는가 하는 것이 설명된다는 것이다.

여기에서 과학이 성공적이라는 것은 물론 과학적 지식에 의거할 경우 목표 달성에 결정적으로 기여한다는 것을 의미한다. 과학적 지식이 성공적이라는 데에는 말할 것도 없이 과학이 지닌 설명력과 예측력에서 찾을 수 있다. 자연 현상을 설명하고 예측할 수 있는 과학의 비중이 증가하는 한에서 과학은 계속 성공적임이 증명될 것이다.

과학의 예측력에 대한 전통적인 견해에 따르면 규칙적으로 변화하는 자연의 법칙을 찾아 이를 있는 그대로 기술하고, 과학적인 규칙에 따른 탐구를 통해 자연의 영역이 단계적으로 확장되게 되고, 이에 따라 인간의 과학적 지식은 누적적으로 증대된다. 왜냐하면 과학적인 방법은 확실하기 때문에 그 방법에 의거하여 얻은 지식이 나중에 가서 거짓으로 드러날 가능성은 없기 때문이다. 과학의 성장과 비례하여 과학의 예측력과 더불어 과학의 성공적인 사례도 증대되기 마련이다.

| 영국이 낳은 물리학자 아이작 뉴턴(Isaac Newton). 뉴턴의 운동법칙은 갈릴레오가 먼저 실험으로 발견했지만 약 4년 뒤 뉴턴이 공식화했다.

이러한 실재론적(realistic) 과학관은 그러나 20세기에 들어 과학혁명을 거치면서 심각하게 변화를 겪게 된다. 뉴턴에 의해 운동법칙이 확립된 후 그를 추종하는 수많은 과학자들에 의해 그야말로 누적적으로 성장해 온 고전적인 물리학이 상대론과 양자역학에 의해 대체됨으로써 과학의 발전이 단선적인 축적의 과정을 밟는다는 생각에 의문이 제기되었다.

과학이 지속적으로 성장한다고 볼 수도 있겠지만 그 성장과정은 단순한 누적적인 방식이 아닌 보다 복잡한 형태를 지닌다는 것이 분명해졌기 때문이다. 더욱이 상대론과 양자역학 이론이 내포하고 있는 역설적인 성격은 법칙의 차원에서도 이론과 자연이 서로 일대일 대응한다는 실재론적 진리관에 강한 회의를 갖게 만들었다. 이제 실재론적 과학관은 적어도 고전적인 형태로는 유지할 수 없다는 것이 분명하게 드러난 것이다.

20세기가 실증주의에서 시작하여 상대주의와 실용주의를 비롯한 반실재론적인 과학관으로의 전개는 결코 우연한 일이 아니다. 실증주의자들은 법칙의 차원이 아닌 경험의 차원에서만 이론이 자연과 대응한다는 입장을 취함으로써 문제를 해결하려 했다. 그렇다면 법칙이란 경험을 질서 지움으로써 하나의 경험의 집합으로부터 다른 경험을 예측하기 위한 편의적인 장치에 불과하며 따라서 법칙이 기술하는 측면이 자연에 실재한다고 말할 수가 없다. 그러한 도구주의적인 입장에서는 과학이 어떤 과정으로 성장하는지를 설명하기가 어렵다.

실증주의자들에 의하면 하나의 과학이론이 경험적인 관측을 예측하는데 실패함으로써 새로운 경험을 질서 지울 수 있는 방향으로 법칙을 수정해야 하며 그 결과 새로운 이론이 등장하게 된다. 문제는 새로운 이론이 어떤 의미에서 과거의 이론에 비해 진보된 이론인가를 말하기가 쉽지 않다는 것이다. 실증주의자들은 "이후에 등장한 과학이론이 선행 이론을 함축한다." "이전의 이론이 성공적으로 예측한 모든 경험 이외에 다른 경험을 이후의 이론이 성공적으로 예측할 수 있다."는 의미에서 과학의 진보를 주장하고 있지만 그러한 주장은 논리적으로 그 정당성을 확보하기 어렵고 또 역사적인 사실과 부합한다고도 말할 수 없다.

결국 극단적인 상대주의의 입장을 취하고 있는 토마스 쿤(T. S. Kuhn)이나 파이어라벤트(P. Feyerabend)같은 과학철학자들은 '과학의 방법' 이라든가 실재론에서 '과학이론을 평가할 수 있는 기준' 마저도 이론 내적인 것으로 만들어버리고 만다. 이는 자연에 대한 참인 이론이 둘 이상 있을 수 있으며 그것들이 각기 제 나름의 방법을 지니고 있다는 것을 의미하는 것으로, 문제는 그 방법들 간의 우열을 따질 수 있는 객관적인 혹은 이론 독립적인 기준의 존재 여부에 관한 것이다.

이에 대해 '존재 한다' 고 답변할 수 없다면, 과학적인 이론의 대체과정이 지속적인 성장과정 혹은 발전과정이라는 실재론자들의 주장에 심각한 의문이 제기될 수밖에 없을 것이다. 이러한 논점에 비추어 볼 때, 과학의 방법에 대해 다음과 같은 의혹이 제기될 수 있다.

우선 과학과 비과학을 구분해 줄 수 있는 특정한 과학적 방법 내지 규칙이 과연 존재하는가 하는 것이다. 또한 그러한 과학적인 방법이 존재한다면 구체적으로 어떤 것인가 하는 것이다. 말하자면 과학의 특징적인 방법에 있어서 여타의 비과학적인 방법과 구분할 수 있는 이른바 객관적인 평가의 기준(objective criterion)이 존재하는가 하는 것이다.

과학적 실재론을 둘러싼 논쟁에서 이 질문은 각별한 의미를 갖는다. 왜냐하면 과학의 진보가 그 이론의 견고성에서 비롯된다고 했을 때, 그 견고성에 심각한 타격을 입을 수 있기 때문이다. 나아가 이러한 의혹에 대해 설득력 있는 답변이 제시될 수 없다면 과학에서의 누적적 발전 또한 예단하기에는 아직 이를 것이기 때문이다.[3]

3. 과학과 그 기술적 적용에 따른 문제

현대문명의 토대가 되는 과학기술은 앞에서 지적한 바와 같이 근대과학에 그 근원을 두고 있다. 17~18세기에 거쳐 성립한 근대과학은 과거 어느 시대와도 비교할 수 없을 정도로 자연에 대한 인간의 지식을 확장시켰으며, 그 기술적 적용을 통해 삶의 다양한 분야에서 인간의 물질적 조건을 향상시켰다.

이러한 성공을 기반으로 하여 근대과학의 방법과 가치관은 오늘날에 이르기까지 모든 인식적, 실천적 행위의 기준으로서의 지위를 확립시켰다. 이처럼 근대과학이 역사적으로 미친 지대한 영향을 감안할 때, 근대과학의 탄생을 칸트의 지적대로 코페르니쿠스적 전회라 부름직하다.

근대과학의 탄생이 갖는 근본적인 의미는 그것이 자연에 대해 많은 지식을 제공했다거나

Critik
der
reinen Vernunft
von
Immanuel Kant

Riga,

| 서양 지성사에 큰 획을 그은 철학자 임마누엘 칸트와 그의 저서 『순수이성비판』 표지

우리에게 유익한 많은 기술을 제공했다는 단순한 실용성의 차원을 넘어선다. 이 보다는 인간이 자연에서 자신의 의미와 위상을 다시금 깨닫는 계기를 마련했다는 사실이다.

많은 사상가들은 과학 활동을 통해 독단과 편견에서 벗어나, 인간 본연의 모습을 되찾고 새로운 인간상을 확립하고자 했다. 그것은 인간이 갖는 고유한 원리에 따라 진리를 인식하고, 행위하는 이성적 주체로서의 인간이었다.

데카르트는 기계적인 자연과 달리 자율적이고 합목적인 그래서 합리적으로 사유하는 능력에서 이성적 존재로서의 인간의 본질을 찾고자 했으며, 칸트는 인식을 합리적으로, 행위를 도덕적, 가치 지향적으로 수행할 수 있는 능력에서 이성의 본질을 확인하고자 했다.

특히 칸트는 우리의 인식 능력의 한계를 세계의 한계로 규정지음으로써 이성의 지위를 반석위에 올려놓게 된다. 이로써 인간은 이제 초월적인 신의 의지나, 주어진 외적 환경(자연법칙)에 의해서 규정되는 존재가 아니라, 오직 자신의 이성적 원리에 근거하여 합리적으로 사물을 인식하고, 삶을 가치 있게 창출해내는, 즉 자연과 역사에 대한 주체의 지위를 확인했으며, 무한히 발전할 수 있다는 진보에 대한 신념을 획득하게 되었다.

이러한 무한한 진보에 대한 신념은 다음의 세 가지를 전제로 한다. 첫째 이성적 능력에 대한 확고한 신뢰, 둘째 이성적 능력의 신뢰를 바탕으로 한 과학적 진보에 대한 확신, 셋째 과학의 기술적 적용에 따른 유용성의 제공 등을 들 수 있다. 이 가운데 환경문제 및 현대 과학기술 문명의 딜레마적 상황과 관련하여 특히 눈여겨보아야 할 것은 세 번째 전제이다.[4]

이는 과학의 기술적 적용에 따른 인간의 '욕구 충족' (특히 산업화와 함께) 이라는 측면과 밀접한 연관성을 갖는다. 물론 기술 그 자체가 문제가 된다고 말할 수는 없다. 왜냐하면 기술 혹은 기술력은 주어진 자연 속에서 인간이 생존하기 위한 필수조건이기 때문이다. 그런데 문제는 이것이 인간의 물질적 욕구 충족이라는 측면과 결부되게 되면 상황이 얼마든지 다르게 전개될 수 있다는 점이다.

여기에서 전혀 다른 상황이란 이성이 욕구의 충족에 종속되는 상황이 발생될 수 있다는 것을 의미한다. 이는 과학에 대한 실용주의적 가치관과 잘 연결될 뿐만 아니라, 앞에서 지적한 반실재론적 과학과도 잘 부합한다. 이러한 관점들이 갖는 공통점은 인간의 생존적 차원과 밀접하게 연관되어 있다는 사실이다. 여기에서 인간의 생존이 갖는 의의는 생존을 위해 욕구 충족이 필수적이라는 것을 의미한다.

사실상 욕구자체는 이성과는 무관하다. 그런데 이러한 관점에 따른 이성의 역할이란, 욕구의 충족을 위해 수단을 강구하는 역할로 제한된다. 그렇다면 이러한 관점에 따른 이성은 욕구(의지)에 종속된다고 말할 수 있을 것이고, 이와 같이 수단을 강구하는데 기여하는 이성을 '도구적 이성' 이라고 할 수 있다. 여기에서 과학적 지식은 주어진 목표를 효율적으로 달성 (욕구 충족을 위한) 하는데 요구되는 수단으로 제한된다.

이러한 관점을 이성에 대한 경험주의적 견해라고 할 수 있는데, 이 견해에 따르면 인간에게 선천적으로 부과되어 있는 의무와 같은 관념을 인정하지 않는다. 자신의 욕구 충족을 위한 권리는 주어질 수 있어도 의무를 갖고 태어나는 것은 아니며, 권리 또한 모든 인간이 동등하게 갖는 다는 것은 후천적으로 파생되는 것이라고 본다.

그래서 각 개인이 타인과의 관계성 속에서 욕구 혹은 이익을 극대화하기 위해서는 자연을 지배할 수 있는 힘과 함께 타인의 이익간의 조화를 위해 이를 실현할 수 있는 공동체 내에서의 제도적인 장치를 마련해야 한다는 것을 의미한다. 그렇다면 그러한 지식을 보다 정확하게 많이 지니면 지닐수록 우리가 활용할 수 있는 수단의 영역은 확대되며, 그에 따라 자연에 대한 효율적인 지배를 통해 더 큰 욕구를 충족시키게 될 것이다.

물론 우리에게 주어진 자연환경 그 자체로, 즉 인간의 개입이 결코 허용되지 않는 야생 자연환경이 인간의 생존에 적합한 모델일 수는 없다. 그래서 주어진 자연으로부터 인간의 생존을 보장하기 위한 최소한의 요건은 생존에 적합한 환경을 만들어 나가기 위한 인류의 노력을 통해 확보된다. 인류는 기술력을 통해 생존에 적합한 모델을 창출해내기 위해 끊임없이 자연과 투쟁하면서 극복해 왔고, 특히 근대에 접어들면서 과학의 발달과 그 기술적 적용에 힘입어 급속하게 자연환경을 변화시켜 나가게 된다.

그러나 이러한 환경의 변화에 대한 인류의 노력이 인간 생존을 위한 최적의 조건이라 할 수 있는 '표준 환경' 을 형성하는 것과 인간의 욕구 충족이 일치된다고 했을 때, 옳고 그름의 분별이라는 이성의 비판적 기능으로서의 '본래적 이성' 이 충분히 발휘되었다고 볼 수 있을 것이다.

하지만 우리가 직면한 상황은 그렇지가 못하다. 오히려 그 불일치라는 현대 과학기술 문명의 반환경적 상황은 이제 과학적 합리주의와, 이성주의적 신념의 허구를 스스로 드러내고 있는 것이 아닌가하는 의구심을 자아내게 한다.

이러한 의구심의 이면에는 과학기술의 발달이 이제 인간의 생존을 위한 표준 환경의 마련이라는 기본적인 욕구를 넘어 새로운 욕구를 지속적으로 창출하고 또 이를 충족시키려 한다는 점을 동시에 포함하고 있다. 물론 이와 같은 지속적인 욕구의 충족이라는 사회시스템 하에서 인간은 자신의 물질적인 이익을 극대화하는 일에 매몰될 것임에 분명하다.

그러나 이러한 문제에도 불구하고 분명한 사실은 현대문명이 직면한 반환경적, 딜레마적 상황이 우리의 의지와 무관하게 주어진 것이라기보다는 우리가 추구한 방법과 가치관의 필연적 귀결이라는 점이다.

여기에서 우리가 추구한 방법과 가치관의 필연적 귀결이라는 말은 그 본래적 기능을 상실한, 즉 도구적 이성에 따른 귀결이라는 것을 의미한다. 말하자면 이성은 욕구 충족을 위한 수단으로 전락한 도구적 이성인 것이다. 바로 그러한 도구적 이성의 영역 확장과 함께 자연의 수단화라는 한 축과 인간의 욕구 충족이라는 또 다른 축이 서로 맞물리면서 이성의 본래적 기능 상실과 자연(자원)의 파괴라는 원치 않는 결과를 우리 스스로 만들어 내고 있는 것이다.

이성의 본질이 주어진 환경에 단순히 순응하고 답습하는 데 있다기보다는, 더 나은 진리와 가치를 추구하고 자신의 삶의 환경을 새로이 창출해내는 가치지향적인 비판 능력에 있다. 이를 이성의 본래적 기능이라고 했을 때, 그 기능은 이성이 추구하는 목적에 따라 욕구(의지)를 통제해 나가는데 있다. 또한 이성은 욕구를 지배하고 통제하는 입장에서 인간이 나아가야 할 방향을 잡아주는, 이른바 목적지도적인 역할을 수행하기도 한다. 따라서 인간에게 보편적이고도 선천적으로 부과되는 의무를 진리와 가치를 통해 이행하는 것은 이성의 목표 가운데 가장 궁극적인 것이다. 그 때문에 현대문명의 반환경적 현실을 비판하고, 인류의 투명한 미래를 확보하는 하나의 새로운 환경과 그러한 삶의 조건을 모색하는 일은 본래적 이성이 마땅히 해결해야 할 과제라고 할 수 있다.

4. 근대 과학사상의 성격 그리고 반(反)환경성

환경문제와 관련하여 제기되는 중요한 철학적 논의 가운데 하나는 현대 과학기술 문명에 대한 비판이다. 앞서 언급한 것처럼 과학은 현대문명의 중요한 토대가 되며, 현대과학은 역사적으로 17세기 이래로 발전되어온 근대과학의 연장선상에 있다. 그리고 모든 과학 · 문화체계는 그것의 사상적 토대가 되는 일정한 패러다임, 즉 특정한 사상적 틀 안에서 성립하게 된다. 그렇다면 현대 과학기술 문명은 '근대 과학적 패러다임' 의 토대 위에 성립한 것임에 분명하다. 그 때문에 현대문명이 지니고 있는 환경문제는 근대과학이 갖는 성격에 대해 검토함으로써 그 진단이 가능하다.

근대과학이 갖는 성격은 기계적 결정론, 탈목적론, 실용주의, 가치중립주의, 실증주의, 과학주의 등으로 요약할 수 있는데, 여기에서는 특히 환경론과 직접적인 연관성을 갖는 몇 가지 특징을 중심으로 언급하고자 한다. 이와 같은 성격을 토대로 하여 성립된 근대과학은 인간중심적, 기술지향적 과학으로 규정할 수 있는데, 이는 자연에 대한 인간의 조작(操作)을 정당화시켜준다는 측면에서 자연 지배적 태도와 비생명윤리적 관념 등을 그 특징으로 한다. 그리고 현대가 직면하고 있는 환경 문제의 근본적 원인은 바로 이 관념들에 기인한 것으로 파악된다.

우선 '기계적 결정론(機械的 決定論)' 은 대부분의 근대 과학자들이 자연에 대한 기본관념으로 받아들인다. 그 대표적인 인물 가운데 한 사람인 데카르트에 따르면 그는 모든 자연적 존재를 단순히 운동하는 물질로 보는 동시에 모든 성질을 수학적인 양(quantity)적 측면으로 환원시킬 수 있다고 본다. 데카르트는 또한 수학이란 세계를 이해하고, 세계에 숨겨진 비밀을 해석하고, 인간이 세계를 조종하는 열쇠라고 보고, 그래서 모든 물질은 질서를 밝히는 수학으로 설명된다고 주장한다.

뉴턴의 물리학 역시 자연의 기계적인 운동을 완벽하게 기술하는 수학적 법칙을 제공함으로써, 근대의 기계론적 자연관을 과학적으로 실현한 대표적인 경우이다. 뉴턴은 이러한 성과를 통해 사물에 관한 기계적, 수학적 질서를 확인시켜주었으며, 자연이라는 기계는 이제 수학적 이성의 힘으로 완전하게 설명되고, 예측할 수 있고 조정 가능한 것이라는 확신을 갖게 만든다.

당시의 기계론적 자연사상에 따르면 우주는 신의 완전한 논리적, 수학적 지성에 의해 만들어진 완벽한 기계이며, 그것은 이성의 합리적인 인식능력에 의해 정확히 예측될 수 있다. 이러한 기계적 관념에 따라 세계는 톱니바퀴와 같은 시스템으로 이해되었으며, 인간의 삶 또한 예외가 아니다. 말하자면 우리의 일상생활은 기계적 메커니즘에 의해 통제되는 것으로 보았다. 여기에서 무엇보다 중요한 것은 정확성, 속도 그리고 정밀성이며 이를 최상의 가치로 받아들이게 된다.

둘째로 '탈목적론(脫目的論)'은 사실상 '기계적 결정론'에 따른 것으로, 자연에 인간처럼 정신적, 합목적적 행위능력을 인정하는 아리스토텔레스의 목적론적 자연개념을 거부하는 것이다. 이 점은 베이컨의 『새로운 도구(Novum Organanon)』에서 찾아볼 수 있다.

베이컨은 과학적 연구의 새로운 원칙을 제시하는 가운데, 아리스토텔레스적 방법론을 수정하는 관점에서 아리스토텔레스의 네 가지 방법론, 즉 질료인, 형상인, 운동인, 목적인 중 단지 질료인과 운동인만을 과학적 탐구의 유용한 방법으로 규정하고 관념적, 목적론적 의

| 프란시스 베이컨이 1620년에 출판한 철학책 『노붐 오르가눔(Novum Organum)』. 라틴어로 된 제목을 번역하면 "새로운 도구"이며 이것은 아리스토텔레스의 오르가논(Organon)을 참조하는 의미인데 〈오르가논〉은 논리법과 연역법에 대한 논문이다. 〈노붐 오르가눔〉에서 베이컨은 기존 연역법보다 더 우월하다고 생각되는 새로운 논리법에 대해 설명하였다.

미를 지닌 형상인, 목적인을 지식의 발전에 무용한 것으로 규정하고 있다.

특히 데카르트는 인간을 제외한 모든 존재, 즉 자연에 대해 이는 정신(사유)적 측면을 결여한 것으로 수학을 통해 완전하게 해명될 수 있는 연장으로 규정하고 있다. 이에 따라 기계론적 사고를 정당화하고, 정신을 제외한 모든 생명체를 자동기계에 불과한 것으로 파악했다.

이러한 기계결정론적, 탈목적론적 사고는 근대 과학의 가장 핵심적인 특징을 이루며, 그것은 자연을 객체화하고, 자연물에 어떤 생명권도 인정하지 않음으로써 자연에 대한 인간의 기술적 조작을 정당화하고 나아가 자연의 파괴 및 탈생명윤리적 태도를 정당화하는 근거가 되기도 한다.

셋째로 '실용주의'는 과학적 지식의 실용성에 관한 주장으로 이에 따르면, 자연이란 인간의 기술적 이용의 대상으로서만 그 가치를 지닌다는 것으로 자연의 기술적 효용성을 절대화하고, 과학의 의미를 단순한 지배 지식으로 축소시키는 근거가 된다.[5]

과학의 실용주의적 전환에 커다란 영향을 미친 베이컨에 따르면, 전통적 관념에 따른 과학의 목적인 사물의 (형이상학적) 본질을 이해하는 것에 대해 강력하게 비판하면서, 과학의 목적은 인간의 실질적인 삶의 유용성에 비추어 사물의 본질을 밝히는데 있다고 규정했다. 달리 말해 그는 자연을 인간적인 목적과 필요에 맞게 제어할 수 있는 것으로 규정하면서 참된 학문이란 실증적인 방법을 통해 자연의 진리를 밝히고, 인간의 능력을 확장하여 삶을 개선할 수 있는 유용한 지식을 제공하고, 자연의 대상들을 지배할 수 있게 하는 것이라고 주장했다.

넷째로 '가치중립주의'는 과학적 연구가 인식의 발전을 위해 특정한 종교적, 정치적 이념으로부터 자율적이기를 요구하는 목적에 따른 것이다. 그러나 그것은 오늘날 인식과 가치(윤리)의 분리라는 식으로 일반화되어, 과학자가 그의 과학적 연구에 의해 야기될 사회적 결과에 대해 책임의식을 갖지 않아도 된다는 식의 탈윤리적 사고를 정당화하고, 과학적 지식의 파괴적 이용 가능성을 간과하는 요인이 된다.

지금까지 환경 문제와 연관 지어 근대 과학이 갖는 몇몇 성격을 중심으로 비판적으로 고찰하였다. 이와 관련하여 김국태 교수의 다음과 같은 주장은 앞으로의 과학기술이 나아가야 할 하나의 가능한 지침의 구실을 해줄 수 있을 것으로 보인다.

> 자연의 파괴, 즉 자연의 사실에 적합하지 않은 인식과 자연법칙에 적응할 준비가 되어 있지 않은 기술, 물리적-생물학적 법칙 나아가 인간학적 원리를 간과한 과학-기술은 자연을 파괴하고 인간을 파국으로 몰고 가는 것이다. 하나의 파국은 또 다른 파국을 초래한다는 의미에서 인간과 자연은 상호의존적 공동운명체로 파악되어야 하며, 기술은 자연에 대한 지배 수단이 아니라, 전적으로 생존을 위한 적응 수단으로 이해되어야 한다는 결론에 도달할 수 있다.[6)]

이 주장에 따르면 자연의 파괴는 결국 과학기술의 남용에 기인하며, 지금까지 자연 정복을 정당화해 온 과학주의는 그 수정이 불가피하다는 논지를 담고 있다. 그래서 과학은 다만 인간이 자연에 적응하는 수단으로 간주되어야 한다는 것이다.

5. 삶, 가치 그리고 본래적 이성의 회복

지금까지 우리는 현대과학문명의 근거가 되는 근대의 과학사상에 대해 과학의 본성적 측면에 비추어 비판적으로 검토하였다. 이러한 고찰은 환경론의 관점에서 그 의미를 좀 더 깊이 음미하기 위함이다.

환경론의 관점에서 보았을 때, 근대과학의 합리성 개념이 현대에 미친 지대한 영향에도 불구하고 그것이 지나치게 제한적으로 적용되고 있다는 사실과 함께 현대의 반환경적, 딜레마적 상황을 통해 또 다른 관점에서 인간과 자연에 대한 재고의 필요성 또한 확인할 수 있었다.

그렇다고 해서 이러한 판단이 근대 과학사상 자체를 오류로 규정하는 방식으로 귀결되어서는 안 된다. 과학과 그 기술적 적용에 따른 도구적 이성을 허용하는 견해가 독단이었다면, 그것을 포기해야한다는 견해 역시 하나의 독단일 수 있기 때문이다.

그것은 현대 문명과 현대인의 삶이 그러한 과학기술의 토대 위에 성립한다는, 그래서 우리가 더 이상 그러한 과학기술을 포기할 수 없다는 측면에서 그런 것만은 아니다. 보다 근본적이 이유가 있다면 그것은 과학기술이 인간 생존에 필수불가결한 조건에 해당한다는 사실을 부정할 수 없기 때문이다. 물론 그렇다고 해서 이 사실이 도구적 이성을 통한 욕구의 충족을 정당화시켜주는 것도 아니다. 왜냐하면 과학기술로부터 비롯되는 현대의 반환경적, 반생명적인 딜레마적 상황이 인류의 생존이라는 문제와 직결되기 때문이다.

현대의 반환경적, 반생명적인 딜레마적 상황 역시 인류의 투명한 미래를 보장해 줄 수 없다. 결국 이 양자가 상호 모순된 결과를 초래한 셈이다. 가능한 대안은 이성이 갖는 목표·지도적인 본래의 측면을 회복함으로써 욕구의 충족이라는 도구적 이성을 제한적으로 유지하는 것이다.

선택이 우리의 몫이라고 했을 때 과학기술을 기반으로 하고 있는 인류의 피땀 어린 모든 성과를 포기할 수는 없다. 생존을 위해 인류가 이룩해 놓은 성과를 포기하는 것은 그 이상의 대가를 또 다시 치러야 하는 난관에 봉착할 수 있다는 점에서 가능한 대안으로 삼기 어렵다. 이에 관해 김국태 교수는 다음과 같이 주장한다.

> 환경에 관한 문제는 기술을 포기하고 순수자연을 회복해야 한다는 식의 낭만주의적 희망으로 해결될 성질의 것은 아니다. 인간에 의해 가공되지 않은 순수한 자연이란 인간에 대해 존재한 적도, 존재할 수도 없다. 삶의 공간으로서의 문화 환경에서 기술은 인간의 생존을 위해 필수적인 도구가 된다. 우리는 우리의 요구에 따라 더 환경 친화적인 과학, 더 조화된 삶의 가능성을 추구할 수는 있지만 과학기술을 포기할 수는 없다. 대안 없는 거부는 삶을 포기하는 것에 불과하다.[7]

환경을 인간에 의해 형성된 기술적 문명 환경이라고 했을 때, 환경은 인간이 자연에 대해 부여하는 의미에 따라 그리고 인간이 추구하는 가치에 따라 재창조되는 것이다. 동시에 자연에 투여하는 노동에 해당하는 과학기술은 인간 생존의 필수적인 조건이 된다. 그렇다면 보다 근본적인 문제는 과학기술 그 자체에 있는 것이 아니라, 자연을 개발하고 이용하는 근거에 해당하는 과학기술을 어떻게 이해할 것인가와 그것을 이용하는 삶에 대한 가치관에 있는 것임에 분명하다.

결국 환경은 "어떻게 과학기술을 이용할 것인가?"라는 우리의 인식과 "그에 대해 어떠한 가치를 부여할 것인가?"라는 가치관에 따라 각기 달리 만들어지는 것이다. 이는 이성적 존재로서의 인간에 대한 해명과 연관된 것으로 받아들일 수 있다. 이에 대해 조셉 에거시(J. Agassi)는 합리적인 선택과 그 생존 전략을 연관 지어 인간의 본성을 다음과 같이 규정하고 있다.

> 합리적 인간을 특징짓는 것은 자신의 목적을 달성하려고 할 때 자기 확신뿐만 아니라, 그에 따라 행동할 수 있는 가설에 대해 얼마나 합리적인 선택을 할 수 있느냐에 달려 있다. … 즉, 우리는 어떠한 방식으로 건 행동해야만 하며 그렇지 않으면 생존을 영위할 수 없다. 그렇다면 합리적으로 행동하는 것만이 생존에 이르는 길일 것임에 분명하다. 따라서 우리는 합리적으로 행동하는 것이 생존을 위한 가장 효과적인 전략이다.[8)]

따라서 우리가 이제 새로이 추구해야 할 이상적인 환경은 우리에게 주어져 있거나 결정되어 있는 것이 아니다. 우리가 추구해야할 환경은 존재의 양적 특성보다는 질을, 실증성보다는 정신적 의미를, 자연의 이용보다는 인간과의 공존 가능성을, 물질적 복리보다는 질 높은 삶의 가능성을 추구하는 이성의 본래적 기능을 회복함으로써 모색될 수 있을 것이다.

결국 이상적 환경은 현재를 살아가고 있는 우리들에 의해 자연과 인간에 대한 성숙된 인식과 삶에 대한 새로운 가치관, 기술에 대한 성숙된 통제의식의 토대 위에서 설정되어야 할 실천적 요청인 것이다. 그것은 우리가 자연과 얼마나 조화롭게, 건강하게 그리고 얼마나 인간적으로 살기를 원하는가의 우리의 목표에 따라 선택되고, 실천되어야 할 과제로 주어지는 것이다.

제7장 주해

1) 김재권, 「과학기술에 관한 철학적 성찰: 과학, 반과학 그리고 과학적 세계관」 91~103쪽 참조.

2) 이와 관련해서는 『근대 과학의 철학적 조명』 (철학과현실, 2006)에서 근대 과학의 성립을 중세와 근세의 불연속성이라는 관점 하에 세부적으로 다루고 있는데, 특히 원석영(2006)의 글을 참조하기 바람.

3) 과학이론이 성공적이라는데 대해 과학철학자 라우든(Laudan)은 다음과 같이 정의하고 있다. 즉, "상당히 높은 참인 예측을 하고, 세계에 효과적으로 개입하도록 해주고, 표준적인 검증을 통과한 이론은 성공적이라고 말할 수 있다." L. Laudan, "A Confutation of Convergent Realism", (1981), p23.

4) 물론 제시된 세 가지 전제는 매우 밀접한 연관성을 갖는다. 왜냐하면, 세 번째 전제를 통한 인간의 물질적 욕구에 대한 충족은 고스란히 첫 번째 전제와 두 번째 전제에 대한 확고한 신뢰로 이어지기 때문이다. 따라서 이 세 전제는 상호 순환적인 구조를 갖는다고 볼 수 있다.

5) 제레미 리프킨, "21세기의 새로운 세계관", 엔트로피(김건 역, 1999), 27~43쪽 참조.

6) 김국태, "과학기술문명의 반환경성", 164쪽 참조.

7) 김국태, "과학기술문명의 반환경성", 162쪽 참조.

8) J. Agassi(1991), 『현대문명의 위기와 기술철학』, 이군현(역), 민음사, 156~162쪽 참조.

제8장 환경문제와 대안 사상의 모색

1. 대안적 사상으로서의 생태지향적 자연관

우리에게는 지금까지 당연한 것으로 받아 들여왔던 기존 과학 및 자연사상에 대한 비판과 함께 인간적이고, 환경친화적인 과학과 삶에 대한 근본적인 재고와 새로운 가능성에 대한 탐구가 요구된다.

여기에는 자연을 단순히 기계적인 조합물로, 비주관적인 객체로만 규정하는 것은 정당한가? 자연은 단순한 이용의 대상으로서만 의미를 갖는가? 인간이외의 다른 생명체도 인간과 유사한 생명권을 가질 수 없는 것인가? 인간은 과연 생명체를 조작할 권리를 갖는가? 등의 질문을 포함한다. 이는 요구되는 새로운 사상이 바로 이와 같은 질문에 답변될 수 있는 생태지향적 자연관이 되어야 할 것에 대한 요구를 담고 있다.

생태지향적 자연사상은 고대로부터 중세를 거쳐 근대 낭만주의 사상에 이르기까지 기계론적 및 수학적 자연사상에 대비되는 사상으로 오늘에 이르기까지 지속적으로 발전해 왔다. 이 사상은 고대에는 아리스토텔레스의 목적론적, 유기체적 자연관[1]과 다양한 범신론적, 물활론(animism)적 자연사상[2], 중세의 경우 기독교 신중심의 목적론적 우주론, 존재의 사슬론[3], 풍요성 이론[4] 등에 의해 그리고 근대에는 낭만주의적 자연관[5]과 다윈의 진화론 등에 의해서 시대적으로 다양한 형태로 전개되어 왔다.

역사적으로 전개되어 온 이들 사상은 세부적으로는 다양한 내용들을 갖고 있으나, 목적론적, 관념적 자연관과 생명윤리적(bioethical) 사상 그리고 생태중심적 사고를 공통적인 특징으로 하고 있다. 이들 사상 가운데 범신론적 자연관의 경우 자연물에도 인간과 유사하거나 동일한 영성(정신)과 생명을 인정하며, 목적론적 자연관은 자연을 목적 지향적인 방식에 따라 변화, 발전하는 것으로 여긴다.

이러한 관념에 근거하여 이들은 자연을 이용(효용적)의 대상이 아닌, 인간과 마찬가지로 인간의 정신을 고양하는 경외의 대상으로 보거나 그 생명권을 인정하는 생명윤리적 사상으로 발전하게 된다. 나아가 이들 사상에 따르면 자연을 인간 삶(생존)의 환경으로서 파악하고, 양자의 관계를 지배와 피지배의 관계가 아닌, 조화와 협동관계 안에서 파악하고자 한다.

그렇다면 자연은 인간의 생존을 영위하는 삶의 조건으로서의 환경이라고 할 수 있으며, 역으로 인간은 자연으로부터 분리된 존재가 아닌 자연의 일부분이 된다. 여기에는 인간이 자연에 미치는 영향은 결국 인간에게 되돌아온다는 측면에서 인간은 자신의 일부를 이루는 전체 생태계의 법칙에 순응함으로서 자신의 생존을 보장받게 된다는 의미를 함축하고 있다. 이러한 사상의 전형을 우리는 근대의 낭만주의 사상에서 찾을 수 있다.

낭만주의 사상에 대한 올바른 이해를 위해 무엇보다 그 사상적 배경에 해당하는 중세의 자연관과 그 해석을 둘러싼 논의에 대해 살펴보는 것이 순서일 것이다. 그 이유는 중세의 자연관을 둘러싼 논의에 대한 탐구가 생태지향적 사상으로서의 낭만주의에 대한 본질적인 이해를 제공해 줄 수 있을 것이기 때문이다.

2. 중세 자연관과 그 해석을 둘러싼 논쟁

모든 자연 현상을 신학적 관점에 따라 설명하려는 중세의 자연관은 한편으로는 신학적인 동시에 다른 한편으로는 인간중심적인 관념을 함축하고 있다. 그 이유는 다음과 같이 설명된다.

신은 세계 만물을 창조하였지만 창조의 주된 목적은 인간이다. 성서에는 모든 자연 만물이 인간을 위해 존재하는 것으로 기술된다. 이를테면 야훼 하나님께서 아담을 데려다 에덴동

| 미켈란젤로의 천지창조(시스티나 성당)

산을 돌보게 하시며 이렇게 말씀하셨다. "이 동산에 있는 나무열매는 무엇이든 따먹어라.", "살아 움직이는 모든 짐승이 너희의 양식이 되리라. 내가 전에 풀과 곡식을 양식으로 주었듯이 이제 이 모든 것을 너희에게 준다."는 성서(창세기)의 구절이 대표적인 사례가 된다.

그리고 성서에 따르면 우주의 모든 사물은 신의 의도에 따라 합목적적으로 창조되었음을 알게 하지만, 그 목적을 추구하는 열망은 전반적으로 인간적 속성으로 나타나고 있다는 것을 보여준다.

즉, 신의 피조물인 자연에 대한 모든 설명들은 인간의 경험에 근거하여 그리고 인간에 의해 부여되는 가치평가에 의해 결정되고 있는 것이다. 이러한 인간중심적인 관념에서 존재의 사슬에서도 인간에게 신과 영적인 존재인 천사를 제외하고는 다른 존재들보다 우월한 특권적 위치가 부여되어 있다.

말하자면 창조론적 사고 내에서 자연은 인간과의 조화로운 공존의 대상이 아니라, 자연이란 인간이 존재하기 위한 수단으로, 지배와 이용의 대상으로 간주되고 있다. 그리고 자연에 대한 이러한 지배적 관념이 실용주의적, 기술지향주의적인 과학사상의 근거를 제공했다는 것이다.

더욱이나 "인간은 신의 피조물인 자연을 탐구함으로써 신의 지혜와 전능을 인식할 수 있다."는 물리신학적 사상은 문제가 되는 과학기술을 신의 의지를 수행하는 수단으로 절대화할 수 있는 관념을 함축하는 것이라고 할 수 있다.

그러나 이러한 중세기독교의 자연관에 대한 반생태학적 판단에 대해 가톨릭이나 개신교측에서는 반론을 제기하는데, 그에 따르면 성서에서는 자연에 대한 인간의 관계를 '지배적 관계'가 아니라 '관리자적 관계'로 규정하고 있다. 그 때문에 기독교 사상이 근본적으로 자연의 착취를 정당화하는 것이라고 말할 수 없다는 것이다.

인간은 자연을 지배하는 존재가 아니라, 자연의 생명을 빌려 쓰는 차용인에 불과한 것으로 그리고 신의 피조물인 자연물에 대해 윤리적 의무를 부여한 것으로 보는 것이 성서의 올바른 해석이라는 것이다.

이를테면 『시편』에는 신이 피조물을 정성을 다해 만들었듯이, 인간도 자연을 조심스럽게 다스려야한다고 되어 있으며, 『욥기』와 『로마서』 등에서는 인간은 신의 뜻에 따라 모든 물질 및 생명들과는 다른 특별한 위상을 부여받지만, 그가 지배하는 자연에 대해 책임을 져야 하는 보호자의 의무를 지니고 있음을 보여주고 있다. 그리고 예수의 가르침 또한 자연에 대한 인간의 도덕적 복종을 내포하고 있으며, 살아 있는 생명체에 대한 신의 조심스러움을 보여주고 있다. 이러한 관념에 근거하여 근대 과학자들 역시 자연을 인간 마음대로 다룰 수 있다고 생각하지 않았다는 것이다.

기독교적인 환경관에 대한 비판과 그에 대한 기독교 측의 반론을 종합하면 성서 자체에 나타난 기독교의 자연관은 생태지향적으로 또는 기술지향적으로 해석될 수 있는 요소를 동시에 함축하고 있는 것으로 판단된다. 그런데 근대 초 새로운 과학이 태동하면서 지배적 자연관과 기술지향주의적 이데올로기가 부각되기 시작하는데, 그 주된 이유로는 새로운 실용주의적이며 기술지향적인 과학이 사회윤리적인 정당성을 종교적으로 확보하기 위해 성서를 물리신학적으로 재해석한 데에 기인한다.

즉, 인간이 자신의 이성으로 획득한 과학은 하나님의 전지전능과 창조의 의미를 알게 하며, 하나님을 찬미하게 하는 복음이 된다는 것이었다. 이러한 해석과 더불어 새로운 과학과 그 이데올로기인 자연지배 관념과 기술지향사상은 보편적으로 정당화되었던 것이다.

3. 생태지향적 사상으로서의 낭만주의

서구 낭만주의적 자연사상은 바로 근대의 기계론적 자연사상과 그에 근거한 철학을 비판하는 입장에서 성립한 사상으로서, 역사적으로는 고대와 중세 전반에 걸쳐 지속적으로 전개되어 온 목적론적, 유기체적 자연사상에서 유래했으며, 오늘날 논의되고 있는 생태지향적 환경론의 이론적 근거를 제공하고 있는 사상이다.

낭만주의가 서구 근대의 주된 사상 가운데 하나로 자리 잡게 된 배경은 16세기부터 시작된 근대 과학기술을 바탕으로 산업화가 진행되고, 인간의 물질적 조건이 향상되고, 모든 삶의 구조가 과학적 합리성에 따라 조직되고, 사회가 비인간적으로 변모하는데 대한 반동으로 나타나게 된다.

당시 사회의 비인간화는 산업화에 따른 대량생산으로 인해 인구의 도시집중화, 시장경제적인 생산체제하에서의 노동의 상품화, 도시의 궁핍화, 황금만능주의, 인간의 수단화, 자연환경의 파괴, 토지와 노동으로부터의 인간 소외 등의 현상으로 요약될 수 있다.

이 낭만주의 사상은 앞서 살펴본 아리스토텔레스의 목적론적 자연관, 중세의 범신론적 내지는 물활론적 자연사상, 존재의 사슬론 그리고 풍요성 이론 등을 역사적 배경으로 하고 있으며 현대의 유기체적 자연관과 생태지향적인 환경관에 중요한 영향을 미치게 된다. 그렇다면 낭만주의에 대한 체계적인 이해를 위해 그 철학적 성격부터 살펴보는 것이 순서일 것이다.

3.1 낭만주의 철학 – 과학적 합리성 거부

낭만주의는 근대의 산업화에 따른 비인간화 현상과 관련된 문제들의 근거가 바로 앞서 살펴본 근대 과학의 철학과 가치관(근대과학의 패러다임)에 기인하는 것으로 보았다. 따라서 낭만주의 사상가들은 과학적 합리성을 전면적으로 거부하고, 그와 상반되는 가치관과 관념들을 문제해결을 위한 방안으로 제시한다.

그 핵심적인 특징으로는 기계적, 수학적 자연관 대신에 유기체적, 관념적, 목적론적 자연관을 주장하였으며 실용성이 아닌 자연물 그 자체의 내적 가치를 인정하게 된다. 그들은 과학적 합리성의 기준인 실증성, 객관성, 보편성 등을 거부하고 그 대신 개별적, 감성적이고, 비합리적이며, 미적인 것을 진리 인식의 참된 방법으로 보았다.

낭만주의자들에 의하면 자연의 참된 진리는 과학적 즉 논리적, 실증적 방식이 아니라 감성적, 직관적 통찰에 의해 그리고 자연과 인간의 내적이며 유기적인 교감을 통해 근본적으로 인식될 수 있다고 주장한다.

Tip

	합리주의	낭만주의
사상적 특징	기계적, 수학적 자연관과 실용성	유기체적, 관념적, 목적론적 자연관과 내적 가치
진리인식 방법	실증적, 객관적, 보편적	개별적, 감성적, 비합리적, 미적
자연의 참된 진리	과학적, 논리적, 실증적 방식을 통해 확보	감성적 직관적 통찰, 자연과 인간 간의 내적, 유기적 교감을 통해 확보

괴테는 뉴턴의 수학적, 실증적, 분석적 방법을 통해 이룩한 과학을 전면 거부하고, 그것은 살아있는 자연을 죽여서 보여주는 잘못된 과학이라고 혹평하였다. 그에 따르면 참된 자연의 진리는 분석이 아니라, 자연과의 유기적인 교감 안에서 전체적인 연관에서 자연을 이

요한 볼프강 폰 괴테의 초상화. 독일 고전주의의 대표자로서 세계적인 문학가이며 자연연구가이다. 바이마르 공국(公國)의 재상으로도 활약하였다. 주요 저서로 《빌헬름 마이스터의 편력시대》(1829), 《파우스트》 등이 있다.

해하고자 관찰과 이해를 통해 획득될 수 있다는 것이다.

객관성, 보편성, 실증성은 근대 과학자들이 새로운 이론을 발견하는 가장 중요한 기준으로 채택되었는데 그것은 수학화할 수 있고, 경험적으로 증명 가능하다는 것을 의미하는 것이다.

갈릴레이를 비롯하여 근대의 철학자 로크와 데카르트는 사물의 형태 · 크기 · 운동과 같은 수학화할 수 있고 경험적으로 보여줄 수 있는 사물의 성질들을 '1차 성질' 이라 하고, 이러한 성질에 기초한 이론만을 과학적 진리로 인정하였으며, 반면에 색체 · 기호 · 감정 등 수학화할 수 없는 사물의 미적, 감성적 성질들 곧 인간의 주관에 의해서 임의적으로 만들어진 비실체적인 성질을 '2차 성질' 로 규정하였다.

이에 반해 낭만주의자들은 '2차 성질' 을 '1차 성질' 과 동등한 또는 보다 더 높은 의미를 부여하고, 과학적 합리성에서 배제된 주관적 특성들, 즉 '개인의 영혼', '감정', '열정', '자유', '독창성' 을 참된 인간적인 진리의 기초로 규정하였다. 이처럼 직관적이고 감성적인 사고를 중요시한 이유로 낭만주의적인 사상은 과학 분야보다는 문화 · 예술분야에서 주류를 이루며 활발히 전개되었다.

과학적인 실용성, 객관성, 보편성이 사회와 문화의 척도로 받아들여진 당시의 세태에 대한 낭만주의자들의 우려가 얼마나 심각했는지는 칼라일의 글을 통해 잘 드러나고 있다.

> 참으로 놀라운 사실은, 우리가 눈으로 볼 수 없는 것에 대한 믿음은 이에 사라져버렸다는 것이다. 사람들은 가시적인 세계만 믿고 희망하며, 가시적인 세계 안에서만 안주하려 하고 있다. 물질적이고 직접적인 실용성을 갖는, 신성하지도 않고 영혼이 깃들지 않은 것들만이 우리에게 중요한 대상으로 나타난다. 무한한 절대성을 가졌던 미덕들은 이제 명확한 한계를 갖는 조건부적인 것이 되어 버렸고, 미와 선에 대한 숭배는 이윤의 계산 아래로 침잠하고 말았다.[6)]

낭만주의사상의 전개는 사상적으로 아폴론적 이상에 대항하는 디오니소스적 이상을 의미하는 것이었다. 낭만주의적 경향에 따라 무질서와 불확실성에 대한 도전과 모험 그리고 새로운 것에 대한 열망으로 드러나게 된다. 때로는 비현실적이고 비도덕적인 방식을 통해 드러난 인간상이 이상적인 인간상으로 부각되기도 한다.

현대에 등장한 실존주의사상이나 포스트모더니즘 등은 근현대적인 과학적 합리주의나 이성주의적인 진리관과 가치관을 거부하고 개별성, 다양성, 일회성 등을 중요한 정신적, 문화적 이상으로 보는데, 근본적으로는 낭만주의적 이상과 맥을 같이하고 있는 것이다.

3.2 유기체적 자연관과 생명윤리

낭만주의자들은 데카르트의 이원론적 사상에 입각한 주관과 객관의 분리에 따른 물질과 정신, 주체와 객체의 구분을 거부한다. 그래서 자연이란 단순한 물질의 집합이며, 기계적 구조에 따라 예측적, 계산적으로 이해될 수 있다는 기계론적, 유물론적 자연관을 거부한다.

따라서 그들은 자연을 생명체 내지는 정신적 존재로 파악하고 자연과 인간을 통일적으로 파악하고자 했다. 이에 따르면 전체로서의 자연의 본질은 정신이며, 물리적 자연은 비물질적인 정신이 드러난 방식이다.

생명체뿐만 아니라 자연의 모든 존재는 생명과 영혼을 가진 살아있는 존재로서, 자신의 내적 원동력에 의하여, 고유한 목적을 지향하여 발전하는, 말하자면 그 자체 소우주적 생명체라는 것이다.

그들은 또한 존재사슬론, 풍요성 이론들에 근거하여 자연의 모든 존재를 생명의 사슬 안에서 타존재와 유기적인 관계 속에서만 존재하는 것으로 보았다. 그들은 전통적으로 인간에게 특정한 위상을 부여하는 인간중심적인 관점을 지양(止揚)하고 인간의 존재 또한 이러한 전체적 관련 안에서 파악하였다. 그들에 의하면 인간과 다른 피조물의 차이는 미세할 뿐만 아니라, 인간은 다른 존재와 유기적인 조화를 유지함으로써만 존속할 수 있는 존재일 따름이라는 것이다.

자연에 대한 유기적이고 전체적인 관점에서 낭만주의자들은 자연과 그 안에 있는 모든 생명체들을 인간에 종속된다고 생각하지 않았으며, 각자 고유한 존재의 가치와 목적을 가지는 것으로 생각했다. 이러한 관념에 근거하여 그들은 생명체들도 인간과 동등한 생명권을 가질 뿐만 아니라, 물질적 이용가치와 무관하게 그 자체로 존경과 숭배의 대상이 된다고 생각했다.

더 나아가 그들은 자연의 모든 존재들은 인간과 마찬가지로 영혼을 가지고 있고, 감정 또한 표출할 수 있다고 생각했다. 이를테면 지구는 하나의 생물체와도 같이 거대한 순환구조를 가지고 있어서 투입과 산출이 이루어지며, 그 유지와 존속을 위해 스스로 조절되는 독립된 생명체라고 생각했다. 이러한 관념은 자연에 대한 경외심을 갖게 했으며, 일종에 자연숭배사상으로 이어지게 된다. 낭만주의자들의 이러한 생각은 최근 들어 지구를 살아 있는 거대한 유기체로 보려는 러브록의 '가이아 이론'[7]을 통해 구체적으로 드러나게 된다.

| '가이아 이론'을 창시한 영국의 저명한 과학자이자 대표적인 온난화 비관론자인 제임스 러브록.

러브록(James Lovelock)에 의하면 생물권은 고도로 통합된, 그리고 스스로 질서를 유지하는 자동제어체계(cybernetic system)이다. 여기에서 생물들은 물리적 조건에 단순히 수동적으로 적응하는 것이 아니라, 생물권의 물리, 화학적 조건들을 자신의 생존을 위해 바꾸고, 조절하는 능동적인 실체이다.

이러한 자동제어적 자체 조절 기능은 극단적인 환경을 완충내지 절충하고, 생태계를 일정한 상태로 유지하는 항상성 메커니즘으로 나타난다. 생물들은 온도, 대기상태 등 극단적인 환경을 완화하며, 대기와 대양의 화학적인 조성을 비교적 일정하게 유지시켜 생명체들의 존속과 발생을 가능하게 하며, 생태계가 조화롭게 기능하고 유지되는 항상성을 제공하고 있는 것이다.

물론 자연의 생태적 얼개에는 무수히 많은 과정들이 개입되어 있기는 하지만, 자기제어 기능과 항상성 메커니즘을 통하여 생태계가 어떤 외적 충격으로부터 회복되고, 일정한 안정 상태를 유지하도록 하고 있다.

4. 낭만주의 사회문화운동

낭만주의자들은 관념적, 생물윤리적 사상에 근거하여 인위적으로 가공되지 않은 자연 그 자체의 순수성을 무엇보다 중요시 여겼으며, 나아가 자연에 도덕적, 종교적인 의미까지 부여하게 된다. 그래서 자연은 물리적인 것을 넘어선 것으로, 인간을 영적으로 인도하는 것, 즉 '신의 구현' 또는 '신적 숭고함의 상징'으로 인식하려는 관념이 확산되기에 이른다.

미국의 시인이자 사상가인 랠프 월도 에머슨. 그는 자연과 신과 인간은 궁극적으로는 하나로 돌아간다는 범신론적인 초월주의 철학 입장을 취했다.

루소를 비롯하여 에머슨(R. W. Emerson)은 동물, 나무, 산 하늘 등 자연의 원시적 형태야말로 모든 사물의 근본이며, 인간은 자연의 완전함을 파괴하는 자연의 오점이라고 생각하였다.

마르크스 역시 자연은 자력으로 모든 일을 스스로 해내며, 필요한 모든 것을 인간에게 제공하는 근원적인 존재로 파악하였으며, 인간과 자연의 조화로운 공존이야말로 인간이 추구해야 할 이상향으로 여겼다.

자연에 대한 관념의 낭만주의적인 변화에 근거하여 이상적 자연으로 복귀하려는 열망에서 고전시대가 재평가되고, 그리스 신화의 농업공동체인 아르카디아(Arcadia)가 이상향으로 설정되었으며, 물질지향적인 개발을 거부하는 '전원도시운동', '도시탈출운동', '야생자연 보존운동' 들이 시작된 것도 낭만주의 영향에서 비롯된다.

또한 낭만주의 영향에 따른 '노동의 상품화 거부'를 들 수 있다. 전통적으로 노동은 그것을 통하여 인간이 자연과 만나는 사건이며, 그러한 만남을 통하여 인간이 자연과 교통하고, 자신을 확인하게 되는 존재론적 사건으로 인식되어 왔다. 노동을 통하여 인간은 정신의 계획을 자연물에 실현하며, 그것을 통하여 자신을 주체적, 능동적 존재로서 확인하는 자아의 실현 장소가 되는 것이다. 그러나 산업화에 따른 대량생산과 시장경제체재 하에서의 '분업적 노동' 을 통해 노동이 갖는 본질적 의미를 훼손시키는 현상을 초래하게 되었다.

즉, 노동의 정신적인 의미는 폐기되고, 물질적 생산성에 의해 노동의 값어치가 매겨지고, 그 노동의 주체인 인간 역시 가격화되는 것이다. 이러한 현상은 결과적으로 인간이 노동으로부터의 소외되는 상황을 낳게 된다. 하지만 낭만주의에서는 대량생산 체제와 시장경제체제에 의해서 야기된 노동의 상품화에 대항하여, 경제적 가치만을 추구하는 수단으로서의 노동을 거부하고, 노동의 정신적 가치를 추구하게 된다.

중세와 르네상스를 거쳐 과학이 서구인들의 의식을 변화시키기 시작한 근대에 이르기까지 이원적 사고와 합리성이 모든 사고의 기준으로 받아들여진 시대에 규칙적, 대칭적으로 조형화된 도시와 인간에 의해 경작되는 농경지는 기술과 진보, 문명의 상징으로, 뿐만 아니라 신의 영역으로 인식되었다.

반면에 인공적으로 가꾸어지지 않은 야생자연은 야만과 저주, 도덕적 불모지대, 저주받은 땅, 공포와 추악의 상징으로 천시되었으며 지구의 종기, 군더더기 살, 지구의 쓰레기 등으로 표현되기도 했다.

이는 곧 과학기술이 발달로 인한 산업화와 함께 인구의 도시 유입, 산업 폐기물로 인한 생태계 오염, 인간의 부도덕화라는 이면의 모습을 감춘 채, 과학의 진보와 그 기술적 적용에 따른 물질적 풍요와 유용성의 제공이라는 측면에 따른 미화된 표현일 것이다.

낭만주의의 영향으로 사람들은 이제 환경이 파괴되고 비인간화된 도시환경을 거부하고 역으로 야생자연에 순수성의 의미를 부여하고 이를 신성시하게 된다. 그리고 전원생활의 미덕을 찬양하고 야생자연을 모방한 정원양식을 추구하기 시작한다.

낭만주의적 흐름의 하나로 미술 분야에서는 '픽쳐레스크 운동' 이 전개되었다. 불모지대 또는 기껏해야 자원의 저장고로만 인식되었던 야생자연은 그 장엄하고도 우대한 이미지와 더불어 이제 신적 숭고성을 나타내는 미적 이상이 부각되기 시작한다.[8)]

많은 화가들과 시인들, 이를테면 독일의 괴테, 영국의 콜리지, 셸리, 웨일즈, 서디 등은 황량한 자연의 숭고함을 경험하기 위해 알프스, 북웨일즈로 여행하였으며 자연에 대한 새로운 경험을 통하여 많은 새로운 걸작들을 만들어 낸다.

물론 낭만주의자들이 추구한 이상이 관념적, 생물윤리적 사상에 근거하여 인간에 의해 더렵혀지지 않은 야생이나, 평화로운 농촌에 대한 동경으로 이어지게 되고 인위적으로 가공되지 않은 자연 그 자체의 순수성을 부각시키는 효과도 있는 것도 사실이지만, 온갖 재해와 중노동, 저곡가, 부채에 시달리는 농촌의 현실을 은폐한 현실 도피적인 이상에 불과하다는 비판을 받기도 했다.

비록 당시 서구의 상황에서 이와 같은 비판이 있을 수 있겠지만, 현대의 상황에서도 동일한 비판이 적용될 것 같지는 않다. 그것은 인류의 생존과 직결되는 문제라는 점에서 그리 간단치만은 않다는 측면에서 그렇다. 현대 환경문제와 결부시켜 보았을 때 낭만주의 사상이 시사하는 바는 환경문제에 대한 근본적인 해결책의 일환으로 제시되고 있다는 사실이다. 이는 '의식의 전환' 을 통해 근본적인 해결책을 마련해 주고 있기 때문이다.

5. 낭만주의 사상에 대한 평가와 전망

지금까지 현대 과학기술 문명의 근거가 되는 근대 과학사상에 대한 비판과 그 이론적 대안을 마련하기 위해 고대, 중세, 근대로 이어지는 사상에 대해 검토하는 과정에서 근대 과학사상에 대비되는 생태지향적 사상, 특히 낭만주의 자연사상에 대해 집중적으로 고찰하였다.

여기에서 과학적 합리주의와 낭만주의 사상을 상호 대비하여 고찰한 것은 생태지향적 사상에 대한 보다 심화된 이해를 돕기 위한 것이었다.

생태지향적 사상과 낭만주의적 자연사상의 고찰을 통하여 우리는 근대 과학 사상, 즉 근대 과학의 합리성 개념이 비록 그것이 현대에 미친 긍정적 결과에도 불구하고 환경문제를 해결하기 위한 근본적인 대안이 될 수 없음을 알 수 있었다. 그러나 낭만주의적 사상은 인간과 자연에 대한 근본적인 통찰을 제공하는 차원을 넘어 의식의 전환이라는 새로운 전기를 마련해 줄 수 있는 대안이 될 수 있다는 점을 확인할 수 있었다.

그렇다고 해서 이러한 판단이 근대 과학사상을 오류로, 낭만주의를 참된 사상으로 규정하는 식의 양자택일적인 상황으로 귀결시킬 필요는 없다. 왜냐하면 과학의 기술지향적인 사상이 독단이었다면, 그것을 포기해야한다는 낭만주의의 극단적인 주장도 하나의 독단일 수 있기 때문이다.

그것은 현대 문명과 현대인의 삶이 그러한 기술과학의 토대 위에서 이루어지고 있고, 그 때문에 우리가 더 이상 기술을 포기할 수 없다는 이유에서 그런 것만은 아니다. 보다 근본적인 이유는 과학기술은 근본적으로는 인간 존재의 필수적 조건에 해당한다는 부정할 수 없는 사실에 기인한다.

낭만주의 사상이 인간적인 삶에 대한 비전을 제시하고, 현대인의 상처받은 심정을 위로하는 정서적 양식을 제공하려는 인본적인 신념에 있어서는 의미 있는 사상으로 여겨지지만, 이것이 문제 해결을 위한 실현 가능한 구체적인 방법을 제공하고 있는 것은 아니다.

낭만주의적 해결 방안의 한계는 우리의 관념적 희망과 정서적 선호에만 근거한 것일 수 있다는 점에서 그렇다. 그 때문에 낭만주의적 이상을 실현하기 위해 지적 강제성을 띠기는 어렵다. 그것은 일종의 신념에 가깝기 때문에 받아들일 것인지의 여부에 대한 주관적인 판단에 의해 전적으로 결정될 수 있다는 점에서 그렇다.

환경문제에 대한 우리의 논의가 지적 공감대를 형성하고, 객관성을 확보하기 위해서는 단순한 감상적 이상이나 일종에 종교적 신념 등과 같은 주관적 선호와 무관하게 객관적으로 승인되는 지식과 합리적인 판단에 근거 지워져야 한다. 그래야만 실행 가능한 그리고 사회구성원들에 의해 보편적으로 수용될 수 있을 것이기 때문이다.

물론 낭만주의 사상이 실현 가능한 대안이 될 수 있는지에 대해서는 여전히 의문으로 남겠지만, 그렇다고 "근본적인 대안은 무엇인가?" 라는 물음에 대한 가능한 답변을 과학적 합리성에서 찾을 수도 없다. 이 말은 환경문제의 원인을 제공한 과학기술에서 또 다시 그 대안을 마련한다는 것은 상호 모순된 결과를 초래하기 때문이다.

물론 그 대안이 반드시 낭만주의일 필요는 없다. 하지만 굳이 낭만주의에서 그 대안을 찾는 것은 과학적 합리성을 근간으로 하는 당시 서구문명의 폐해에 대한 직접적인 대안으로 제시되었고, 또 '합리성' 이라는 테두리 내에서 그 해결 방안을 모색할 수 있는 유일한 사상이라는 점에서 그렇다.

따라서 낭만주의 사상에 근거한 대안이 실천적 대안의 구실을 할 수 있느냐에 대한 문제는 여전히 남겠지만, 환경문제에 대한 근본적인 대안의 마련이 '의식의 전환' 에 있다고 했을 때 요구되는 생태지향적 사상으로서의 낭만주의는 다른 대안이 없는 한 유일한 대안일 수 있다. 그렇다면 이러한 낭만주의 사상이 갖는 의의(意義)와 그 실현 가능성에 대해 살펴볼 필요가 있을 것이다.

환경문제를 해결하기 위한 방안을 크게 두 가지 유형으로 구분해 보면 '사회경제적 통제 방안'과 '관념적 방안'을 들 수 있다. 사회경제적 통제 방안은 환경문제를 사회, 산업, 경제의 구조 조정을 통해 해결하려는 관점이라고 할 수 있다.[9]

이는 '기술지향적 환경론'과 그 맥을 같이 하는데, 여기에서는 환경공학과 같은 과학기술과 환경오염 기준에 따른 법적 통제와 같은 제도적 통제를 통해서 해결할 있다는 생각을 기초로 하여, 과학기술을 토대로 한 고도의 정화기술을 개발하고 자원을 효율적으로 사용하기 위한 기술적, 제도적 장치를 통해 생태계의 악영향을 최소화하는데 주안점을 두는 입장이다.

반면에 관념적 방안에서는 오늘날 제기된 환경문제가 현대문명을 이끌어온 과학기술과 그의 토대가 되는 자연과 인간에 대한 잘못된 관점에 기인한다고 보기 때문에, 과학기술의 토대가 되는 과학적 합리성을 포기하고, 자연에 대한 새로운 통찰인 생태적 진리에 근거하여 문제를 해결할 수 있다고 보는 입장이다.

'생태지향적 환경론'과 그 맥을 같이 하는 이 입장에서는 기술지향적 관점을 거부한다. 그 이유는 문제를 발생시킨 과학기술로 또 다시 문제를 해결한다는 것은 자기모순이라는 점에서 문제 해결의 근본적인 방안이 될 수 없다고 보기 때문이다. 이들의 핵심 사상이 되는 생태학적 사상은 자연을 그리고 인간과 자연의 관계를 생명체들의 거대한 유기적 조직 혹은 순환체계로 보고 생태학적, 생물윤리적 관점을 부각시키는 사상이다.

이러한 생태학적 사상을 근간으로 하는 관념적 방안은 사회경제적 방안에 비해 문제의 원인과 처방을 보다 근원적으로 조망한다는 점에서 차이가 있다. 그렇다고 해서 관념적 방안에 따른 생태지향적 사상만을 극단적으로 고집할 경우, 그 실현 가능성에 있어서 문제가 유발 될 수 있다. 이 말은 곧 생태지향적 환경론이 실천 가능한 사상이 될 수 있도록 해야 하고, 또 기술지향적 차원에서의 환경공학적 연구라든지 사회의 제도적 통제라는 단순한 기술적인 차원을 넘어, 생태지향적 사상과 같은 거시적이고 종합적인 사상에 의해 근본적인 해결방안이 제시될 수 있을 것이라는 의미를 함축한다.

제8장 주해

1) 아리스토텔레스는 자연을 자체적으로 완성된, 합목적적으로 변화, 발전하는 존재로 보았으며, 자연을 인간의 삶의 환경으로 그리고 자연과 인간을 공동체적, 상호보완적인 관계 안에 존재하는 것으로 이해했다. 그에 따르면, 무생물을 포함한 모든 자연물은 자신의 내적 원인(에너지)에 의하여 스스로 존재하며, 선한 목적을 향하여 운동변화, 발전하는 독립, 자족적 존재로 파악한다.

2) 이에 따르면 모든 존재들을 신으로부터 유래한 유기체적 전체로 보고, 모든 자연물에 영혼을 인정하고, 숭배의 대상으로 간주하였다. 이러한 관점에 따라 통합된 체계로서의 세계는 하나의 거대한 생명체로 보고, 인간은 이 거대한 생명체에 의존하여 살고 있는 존재로 파악한다.

3) 존재의 사슬론에 의하면, 정신과 영혼, 생명을 포함하여, 모든 존재는 우주의 보편 정신인 신에세서 유래하며, 신은 전 우주에 작용하는 힘으로서 모든 존재들을 단일한 생명의 힘으로 연결하는 원리이며, 생명의 빛이다. 모든 존재는 이 생명의 빛에 의해 하나의 사슬의 형태로 존재의 밑바닥까지 연결되어 있다. 유진 하그로브(1994), 125쪽 참조.

4) 이에 따르면 신의 피조물인 자연은 신의 무한성의 반영이다. 따라서 신의 작품인 자연은 무한히 많은 존재들로 채워져 있다. 존재가 없는 공허, 즉 진공과 같은 빈 공간은 존재하지 않는다. 그 이유는 공허는 존재의 결여를 의미하며, 이는 창조의 완전성에 모순되기 때문이다. 자연은 무한히 다양한 생물로 충만해 있으며, 더 많은 종이 존재할수록 더 좋은 세계가 된다. 풍요성 이론은 앞서 언급한 존재의 사슬론과 더불어 다음에 언급될 낭만주의적 자연관에서 가장 핵심적인 사상으로 계승된다.

5) 데자르뎅은 낭만주의에 대해 다음과 같이 설명한다. 즉, "낭만주의는 자연에 대한 기본적인 이해 방식으로 과학적 경험주의와 합리적 분석을 거부한다. 낭만주의적 관점에 따르면, 우리가 일상적으로 경험하는 세계는 과학에 의해 분석되고 관찰된 세계인데, 이것은 대부분 인간과 문화가 만들어 낸 창조물일 뿐이다. 우리는 문화가 가르친 대로 세계를 보고 경험한다. 이러한 세계는 더 깊은 실재, 즉 인간의 신념과 가치에 의해 규정되지 않는 실재를 왜곡할 뿐이다. 더 깊고 '초월적인' 실재를 이해할 때에만 우리는 참된 이해에 도달한다." J. R. 데자르뎅(1999), 258쪽 참조.

6) 칼라일, Signs of the Time, 1821, 『현대환경론』 138쪽에서 재인용.

7 가이아 이론(Gaia 理論)은 영국의 과학자 제임스 러브록이 주장한 가설로, 1972년의 짧은 논문 〈대기권 분석을 통해 본 가이아 연구〉에 이어, 1978년 저서 《지구상의 생명을 보는 새로운 관점》을 통해 소개되었다. 가이아(Gaia)란 고대 그리스인들이 대지의 여신을 부른 이름으로서, 지구를 은유적으로 나타낸 말이다. 이것에 착안해서 러브록은 지구와 지구에 살고 있는 생물, 대기권, 대양, 토양까지를 포함하는 신성하고 지성적인 즉, 능동적이고 살아 있는 지구를 가리키는 존재로 가이아를 사용했다.

8) 산수화에서는 인공적으로 경작된 들판과 혐오감을 불러일으키는 인간의 노동 장면이나, 동물을 사육 · 도살하는 소재는 사라지기 시작했다.

9) 여기에는 ① 사회구조적 통제: 인구성장억제, 자원의 균형 있는 재분배, 경제성장 우선정책의 포기, 사회의 소공동체화, ② 산업-구조적 통제: 노동 분업적 대량생산체제의 포기 및 생산양식의 소규모화, 산업의 지방분산 등의 방안 등을 들 수 있다.

해외 참고문헌

- Alan Chalmers, *What is This Thing Called Science?*, (Queensland, 1999).
- Andrew Webster, *Science, Technology and Society: New Directions*, (London, 1991).
- Brody & Grandy (eds), Readings in the Philosophy of Science, (1989, 1971).
- Brown, H.I., *Perception, Theory and Commitment: The New Philosophy of Science*, (1977).
- Capra, F., *The Tao of Physics*, (1975).
- Carl G. Hempel, *Philosophy of Natural Science*, Curd & Cover (eds), (1998).
- Charles C. Gillispie, The Edge of Objectivity, (Princeton, 1988).
- Christopher P. Toumey, "Modern Creationism and Scientific Authority", *Social Studies of Science*(Vol. 21, No. 4, 1991).
- Collins, H.M. & Pinch, Trevor, *The Golem: What You Should about Science*(2nd edition, Cambridge Univ. Press 1998).
- Edward Grant, *Physical Science in the Middle Ages*, (New York, 1971).
- Ezrahi, Y.(1971) "The Political Resources of American Science", *Science Studies*, (Vol. 1, No. 2. Apr, 1971).
- George Basalla, *The Evolution of Technology*, (Cambrideg, 1988).
- H. Butterfield, *The Origin of Modern Sciences*, (New York, 1957).
- Harold I. Brown, Perception, *Theory and Commitment: The New Philosophy of Science*, (Chicago, 1977).
- Holton, G., *Science and Anti-Science*, (Cambridge Univ. Press 1993).
- Laudan, L., "A Confutation of Convergent Realism", *Philosophy of Science*, (1981).
- Lakatos, I., *The Methodology of Scientific Research Programmes*, (1978).
- Mermin, David N., "Conversing Seriously with Sociologists", *The One Culture?: A Conversation about Science*, (Chicago, IL: Chicago Univ. Press 2001).
- Paul Feyerabend, *Against Metthod: Outline of an anarchistic theory of Knowledge*, (NLB, 1975).
- Peter, S.R. & Winch, P.G. & Duncan-Jones, A.E., "Symposium: Authority", in *Proceedings of the Aristotelian Society, Supplementary*, (Vol. 32, 1958).

- Redner, H., *The Ends of Science: An Essay in Scientific Authority,* (Perseus Books, 1987).
- Richard S. Westfall, *The Construction of Modern Science,* (New York, 1971).
- Rudolf Carnap, *An Introduction to The Philosophy of Science,* (New York, 1966).
- Simon Shackley; Brian Wynne, "Representing Uncertainty in Global Climate Change Science and Policy: Boundary-Ordering Devices and Authority", *Science, Technology, & Human Values,* (Vol. 21, No. 3., Summer, 1966).
- Stephen Finney Mason, *A History of the Sciences,* (New York, 1962).
- Thomas S. Kuhn, *The Structure of Scientific Revolutions,* (Chicago, 1962).
- Walters, R.G., "Scientific Authority and Twentieth-Century America", *Social History of Medicine,* (Vol. 14, Issue 3, 2001).
- W. C. Salmon, *Scientific Explanation and the Causal Structure of the World* (1984).

국내 참고문헌

- F. 클렘 지음, 이필렬 옮김, 『기술의 역사』, (미래사, 1992).
- G. E. R. 로이드 지음, 『그리스 과학사상사』, (지성의 샘, 1996).
- W. C. 새먼 지음, 양승렬 옮김, 『과학적 추론의 기초』, (서광사, 1994).
- W. C.새먼 지음, 곽광제 역 『논리학』, (박영사, 1984).
- 김국태, 「갈릴레이의 물리학」, 『과학사상』, 23집, (범양사, 1997).
- 김국태, 「과학기술문명의 반환경성」, 『과학사상』, 1996.
- 김국태, 「과학기술의 본질과 윤리에 대한 선험철학적 조명, -칸트의 인식론을 중심으로-」, (『철학연구』, 42집, 1998).
- 김동식, 『로티의 신실용주의』, (철학과 현실, 1994).
- 김성동, 「기술철학의 시각에서 본 인간의 문제 -돈 아이디의 기술철학을 중심으로-」, 『철학(철학연구회)』, (54집, 1998).
- 김영식 지음, 『과학혁명: 근대과학의 출현과 그 배경』, (민음사, 1984).
- 김영식 편, 『과학사 개론』, (다산출판사, 1986).
- 김영식 편, 『근대사회와 과학』, (창작과 비평, 1989).
- 김영식 편, 『역사 속의 과학』, (창작과 비평, 1982).
- 김영식, 박성래, 송상용 저, 『과학사』, (전파과학사, 1992).
- 김재권, 「과학기술에 관한 철학적 성찰: 과학, 반과학 그리고 과학적 세계관」, 『인간다운 삶과 철학의 역할』, (한민족철학자대회 대회보, 한국철학회주최, 1995).
- 돈 아이디 지음, 김성동 역 『기술철학 -돈 아이디의 기술과 실천-』, (철학과 현실, 1998).
- 라우든 지음, 이유선 옮김, 『과학과 가치』, (민음사, 2003).
- 레슬리 화이트 지음, 이문웅 역, 『문화과학 : 인간과 문명의 연구』, (대우학술총서 533, 아카넷, 2002).
- 루쓰 코완 지음, 김성희 외 옮김, 『과학기술과 가사노동』, (학지사, 1997).
- 리차드 로티, 「반(反) 권위주의로서의 실용주의」, 『과학사상』, (겨울호, 1996).
- 리차드 S. 웨스트팔 지음, 정명식 외 옮김, 『근대과학의 구조』, (민음사, 1992).
- 바이츠제커 지음, 송병옥 역, 『과학의 한계: 창조와 우주생성, 두 개념의 역사』, (민음사, 1996).
- 박성래 지음, 『과학사서설』, (한국외국어대학교 출판부, 1979/1993).
- 박우석(1997), 「과학과 권위주의」, 『과학사상』, (여름호, 1997).

- 소홀렬, 「과학문화와 동양적 연결주의」, 『과학철학』, (한국과학철학회, 2002).
- 송상용 편저, 『교양 과학사』, (우성문화사, 1984).
- 송선희(1998), 「Dewey 의 권위 개념과 현대적 적용」, 『교육철학』 16집, 한국교육철학회.
- 송성수 편역, 『우리에게 기술이란 무엇인가: 기술론 입문』, (녹두, 1995).
- 스티븐 에프 메이슨 지음, 박성래 옮김, 『과학의 역사 1-2』, (까치, 1987).
- 신중섭 외, 「과학기술에 의한 유토피아의 건설」, 『과학철학』, (한국과학철학회, 2000),
- 앤드루 웹스터 지음, 김환석, 송성수 옮김, 『과학기술과 사회』, (한울, 1998).
- 앨런 차머스 지음, 신중섭, 이상원 옮김, 『과학이란 무엇인가』, (서광사, 2003).
- 앨버트 S. 라이언즈, R. 조지프 페트루첼리 지음, 황상익, 권복규 옮김, 『세계 의학의 역사』, (한울, 1997).
- 어니스트 네이글 지음, 전영삼 옮김, 『과학의 구조』, (아카넷, 2001).
- 에드워드 그랜트 지음, 홍성욱, 김영식 옮김, 『중세의 과학』, (민음사, 1992).
- 오진곤 지음, 『과학사회학 입문』, (전파과학사, 1997).
- 이상욱(2002), 「과학연구의 역사성과 합리성: 소칼논쟁을 중심으로」, 『과학철학』, (5집 2호).
- 이성범, 「현대의 사상: 카프라의 신과학 사상」, 『한국논단』, (31권, 1992).
- 이중원(2001), 「현대물리학의 자연인식 방식과 과학의 합리성」, 『과학철학』, (4집 2호).
- 이중원, 「현대물리학의 자연인식 방식과 과학의 합리성」, 『과학철학』, (한국과학철학회, 2001).
- 이초식, 「현대과학철학의 윤리적 재평가」, 『철학탐구』, (중앙철학연구소, 1999).
- 임경순 지음, 『20세기 과학의 쟁점』, (민음사, 1995).
- 임레 라카토슈 저/존 워럴, 그레고리 커리 편, 『과학적 연구 프로그램의 방법론』, (대우학술총서 527, 신중섭 역, 아카넷, 2002).
- 장회익 지음, 『과학과 메타과학』, (지식산업사, 1990).
- 조인래 편저, 『현대 과학철학의 문제들』, (아르케, 1999).
- 조지 바살라 지음, 김동광 옮김, 『기술의 진화』, (까치, 1996).
- 차인석, 「과학기술시대의 가치선택」, 『철학탐구』, (중앙철학연구소, 1999).
- 찰스 C. 길리스피 지음, 이필렬 옮김, 『객관성의 칼날』, (새물결, 2005).
- 찰스 C. 길리스피 지음, 이필렬 옮김, 『과학의 역사』, (종로서적, 1975).
- 최종덕, 「신과학운동의 평가와 전망」, 『과학사상』, (범양사, 1998).

- 칼 포퍼 지음, 박우석 옮김, 『과학적 발견의 논리』, (고려원, 1994).
- 토머스 쿤, 포퍼, 라카토스 외, 조승옥, 김동식 옮김, 『현대과학철학 논쟁』, (민음사, 1987)
- 토머스 S. 쿤 지음, 김명자 옮김, 『과학혁명의 구조』, (까치글방, 1999).
- 폴 파이어아벤트 지음, 정병훈 옮김, 『방법에의 도전』, (한겨레, 1987).
- 홍성욱 지음, 『과학은 얼마나』, (서울대학교출판부, 2004),
- 홍성욱 지음, 『생산력과 문화로서의 과학 기술』, (문학과지성사, 1999).
- 홍성욱(2000), 『상대주의 과학관을 변호함: 「지적사기」의 과학주의를 넘어』, 『문학과 사회』, (50호).
- 홍윤기, 「과학적 합리성의 철학적 반성」, 『과학철학』, (한국과학철학회, 2000).
- 황경식, 환경윤리학이란 무엇인가? -인간중심주의인가 자연중심주의인가, 계간, (『철학과 현실』, 1994).

색인

(ㅇ)